职业教育系列教材

电工实用技术

钟 晓 主 编

秦美玲 副主编

电子工业出版社

Publishing House of Electronics Industry

北京·BEIJING

内 容 简 介

本书是职业教育电梯安装与维修保养、电梯工程技术等专业的电工课程教材，以电梯安装与维修岗位能力的要求为编写依据。本书的内容包括安全用电、电路基础、交流电路、电气入门、控制电路五个项目，涉及电工基础知识、电路基础知识、常用电器、电工常用工具和仪表的功能与使用、电工识图基础知识、导线连接操作技能、电梯基本控制电路的安装排故，以及中级维修电工考核大纲要求的基本技能。本书注重理论与实践的融合，具有较强的实用性、可操作性和通用性，通俗易懂、图文并茂。

本书可作为职业院校电梯安装与维修保养、电梯工程技术等专业的教材使用，也适合初、中级维修电工阅读。

未经许可，不得以任何方式复制或抄袭本书之部分或全部内容。
版权所有，侵权必究。

图书在版编目（CIP）数据

电工实用技术 / 钟晓主编. —北京：电子工业出版社，2022.6
ISBN 978-7-121-43438-9

Ⅰ. ①电… Ⅱ. ①钟… Ⅲ. ①电工技术－职业教育－教材 Ⅳ. ①TM

中国版本图书馆 CIP 数据核字（2022）第 078330 号

责任编辑：张　凌　　　特约编辑：田学清
印　　刷：三河市鑫金马印装有限公司
装　　订：三河市鑫金马印装有限公司
出版发行：电子工业出版社
　　　　　北京市海淀区万寿路 173 信箱　　邮编：100036
开　　本：880×1230　1/16　印张：11　字数：253 千字
版　　次：2022 年 6 月第 1 版
印　　次：2022 年 6 月第 1 次印刷
定　　价：33.00 元

凡所购买电子工业出版社图书有缺损问题，请向购买书店调换。若书店售缺，请与本社发行部联系，联系及邮购电话：(010) 88254888，88258888。

质量投诉请发邮件至 zlts@phei.com.cn，盗版侵权举报请发邮件至 dbqq@phei.com.cn。
本书咨询联系方式：(010) 88254583，zling@phei.com.cn。

前 言

本书是针对电梯安装与维修保养、电梯工程技术等专业的电工课程教材。本书内容的选取以电梯安装与维修岗位能力的要求为依据，涉及电工基础知识、电路基础知识、常用电器、电工常用工具和仪表的功能与使用、电工识图基础知识、导线连接操作技能、电梯基本控制电路的安装排故及中级维修电工考核大纲要求的基本技能。

本书具有以下特色。

1. 教材内容的重组。打破传统理论内容的结构体系，强调够用、实用，以定性阐述为主。

2. 实践和理论的结合。将整个课程内容设计划分为五个项目：安全用电、电路基础、交流电路、电气入门、控制电路。每个项目中又细分为几个任务，通过完成每个任务来培养学生发现、分析和解决电工相关问题的能力，同时针对电梯专业岗位中对职业院校学生理论及技能的要求，将任务与岗位相结合，强化与电梯专业相关的知识和能力，让理论知识和实践互相融合。

3. 任务的模块化。采用模块化的理论实践一体化结构体系安排内容，每个模块均包括任务呈现、知识准备、任务实施、任务评价，并附有适量的习题，便于理论知识的学习与巩固。每个项目后附有阅读材料，让学生扩充知识面，了解新工艺，掌握电气控制领域的最新技术状况与发展趋势。

本书具有较强的实用性、可操作性和通用性，通俗易懂、图文并茂，适合初、中级电工阅读，也可以作为职业院校相关专业学生的学习用书，特别适合职业院校电梯安装与维修保养、电梯工程技术专业选用。

本书主编为钟晓（广州市城市建设职业学校），副主编为秦美玲（广州市城市建设职业学校）。书中难免存在疏漏之处，敬请各位读者批评指正，以便持续改进！

编 者

目　录

项目一　安全用电 … 1
任务1　电气火灾的扑救 … 1
一、电工实训室安全操作规程 … 1
二、电工操作安全规范 … 2
三、电气灭火常识 … 3
任务2　触电急救 … 6
一、触电方式 … 6
二、电流对人体的伤害 … 7
三、触电预防 … 7
四、触电急救方法 … 8

项目二　电路基础 … 13
任务1　手电筒的认识 … 13
任务2　照明电路的分析 … 16
一、电流 … 16
二、电压 … 18
三、电动势 … 19
四、电阻 … 19
五、万用表 … 23
任务3　灯光明暗的控制 … 24
一、部分电路欧姆定律 … 24
二、全电路欧姆定律 … 25
三、电源的外特性 … 25
任务4　光控电路的组装 … 26
一、串联 … 27
二、并联 … 28
三、混联 … 29
任务5　家庭照明电费的计算 … 31
一、电功 … 31

二、电功率 ·· 32

任务 6　光伏电池的制作 ··· 33
　　一、电池的串联 ·· 33
　　二、电池的并联 ·· 34
　　三、光伏电池 ··· 35

任务 7　电容式触屏台灯 ··· 36
　　一、电容器 ·· 37
　　二、电容量 ·· 37
　　三、电容器的种类 ··· 38
　　四、电容器的特性 ··· 40
　　五、电容器的串并联 ·· 41

任务 8　简易电磁炉 ·· 43
　　一、磁体与磁极 ·· 43
　　二、磁场与磁力线 ··· 43
　　三、电流产生的磁场 ·· 44
　　四、电感 ··· 46
　　五、自感 ··· 46

项目三　交流电路 ··· 51

任务 1　电梯机房配电系统的认识 ·· 51
　　一、电力系统 ··· 51
　　二、供配电系统 ·· 52
　　三、专业术语 ··· 53
　　四、供电系统的分类 ·· 54
　　五、接地系统 ··· 55

任务 2　电梯机房照明电路参数分析 ··· 56
　　一、正弦交流电的三要素 ·· 57
　　二、功率 ··· 59
　　三、钳形表 ·· 60

任务 3　三相交流电的测量 ·· 61
　　一、三相交流电动势 ·· 62
　　二、三相电源连接方式 ··· 63
　　三、三相负载的连接方式 ·· 63
　　四、三相电路的功率 ·· 65
　　五、中性线的作用 ··· 65

项目四　电气入门 ... 68

任务1　导线的连接 ... 68
一、导线连接的基本要求 ... 68
二、导线的连接方式 ... 69
三、线头绝缘的恢复 ... 71
四、快速接头 ... 73
五、接触不良 ... 74

任务2　两地控制照明电路安装 ... 75
一、照明线路 ... 75
二、控制原理图 ... 80
三、照明安装要求 ... 81

任务3　电梯控制系统的认识 ... 81

任务4　电梯控制柜的认识 ... 85
一、低压断路器 ... 86
二、转换开关 ... 89
三、主令电器 ... 89
四、永磁感应器 ... 94
五、熔断器 ... 94
六、接触器 ... 96
七、继电器 ... 99

任务5　电梯电气图的绘制 ... 102
一、图形符号和文字符号 ... 103
二、电气原理图 ... 106
三、电气元件布置图 ... 109
四、电气安装接线图 ... 109
五、电梯元件明细表 ... 111

任务6　变压器 ... 114
一、结构 ... 115
二、工作原理 ... 115
三、铭牌 ... 116
四、常用变压器 ... 117
五、变压器的维护 ... 118

任务7　曳引机的安装 ... 119
一、三相异步电动机 ... 120
二、永磁同步电动机 ... 125

三、电动机的选用原则 ·· 125
　　四、兆欧表 ·· 126
任务 8　轿厢换气扇 ·· 129
　　一、电容启动式 ·· 129
　　二、罩极式 ·· 131
　　三、连线方式 ··· 131

项目五　控制电路 ·· 134

任务 1　电梯井道照明排故 ·· 134
　　一、诊断基本步骤 ··· 135
　　二、修复基本步骤 ··· 135
　　三、排故方法 ··· 136
任务 2　电梯检修电路排故 ·· 139
　　点动控制电路 ·· 140
任务 3　电梯选层电路排故 ·· 141
　　一、长动控制电路 ··· 142
　　二、保护环节 ··· 143
任务 4　电梯安全回路排故 ·· 145
　　多地控制电路 ·· 145
任务 5　电梯运行电路排故 ·· 147
　　正反转控制电路 ··· 148
任务 6　电梯启动电路安装调试 ·· 153
　　一、降压启动 ··· 153
　　二、时间继电器 ·· 153
　　三、定子绕组串接电阻降压启动电路 ··· 155
　　四、星-三角降压启动 ··· 156
任务 7　电梯制动电路排故 ·· 159
　　一、机械制动 ··· 159
　　二、电气制动 ··· 161
　　三、速度继电器 ·· 163
　　四、电梯制动控制电路 ··· 164

参考文献 ·· 167

项目一 安全用电

项目描述

电能是能量的一种形式,它的广泛应用促进了人类近代史上第二次技术革命的发生,有力地推动了人类社会的发展,给人类创造了巨大的财富,改善了人类的生活。但如果在生产和生活中不注意安全用电,也会带来灾害。例如,触电可造成人身伤亡,设备漏电产生的电火花可能引发火灾或造成爆炸,高频用电设备可产生电磁污染等。因此,我们在使用、安装或维修电气设备时必须掌握如何安全用电、发生电气火灾时如何正确灭火及人员触电后如何采取急救的知识与技能。

任务1 电气火灾的扑救

任务呈现

火给人类带来文明进步、光明和温暖。但失去控制的火,就会给人类造成灾难。火灾是指在时间和空间上失去控制的灾害性燃烧现象。火灾依据物质燃烧特性,可划分为A、B、C、D、E、F六类。E类火灾是指带电物体和精密仪器等物质的火灾。因此,电类技术人员有必要掌握最基本的安全用电操作及电气灭火常识。

任务要求:模拟电工实训室的实训台电气着火,要求学生正确选择灭火方法、熟练使用灭火设备,以及灭火后分析火灾发生的原因,并提出安全建议与保障措施。

知识准备

一、电工实训室安全操作规程

(1) 实训前,学生应仔细阅读实训指导书,熟悉实训项目所需的元器件及电路情况。

(2) 实训前,应了解操作要求、操作顺序及所用设备的性能和指标。

(3) 实训时,必须严格按照电气设备的操作规程进行操作;接通电源前,要确保电气设备处于关闭状态。

（4）实训时，必须集中精神，不可与人交谈、四处张望。

（5）插头必须完全插入插座后再使用，以免因为接触不良造成插座过热。

（6）电气设备使用完毕或暂时走开时，应先确定插头已拔下。

（7）拔下插头时，应手握插头取下。如果直接以拉扯电线方式拔出，极易造成电线内部铜线断裂。排除故障后，经指导教师同意，方可重新送电。

（8）切断开关应迅速，不得以湿手或湿操作棒操作开关。

（9）实训中遇到问题时，应立即切断电源进行检查，严禁带电操作。

（10）实训中遇到异常情况时，应立即断开本组电源，检查线路，排除故障后，经指导教师同意，方可重新送电。

（11）完成实训后，断开本组电源，经指导教师检查实习结果无误后方可离开。

二、电工操作安全规范

（1）电工人员在做准备工作时应佩戴好安全防护用品，如绝缘手套、绝缘鞋、安全帽等，如图 1-1-1 所示。

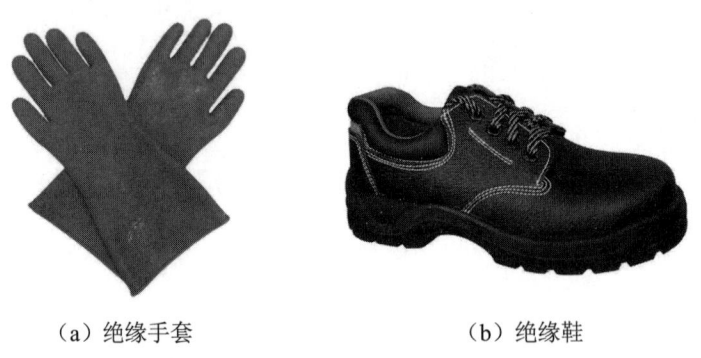

（a）绝缘手套　　　　　　（b）绝缘鞋

图 1-1-1　电工安全防护用品

（2）电气设备运转中，若发现有异味、冒烟、运转不顺等现象时，应立即关掉电源，并报请更换或报修，切勿惊慌逃避，以免灾害扩大。

（3）工作场所内各项用电仪器设备欲移动前，须先通知电气负责人员，确认用电安全无误后方可移动。

（4）保险丝熔断通常是用电过量的警告，切勿以为保险丝太细而换用较粗的保险丝或以铜丝、铁丝替代。

（5）拆除或安装保险丝之前，应切断电源。

（6）没有指导人员许可或监督，不可操作没有学过的机械仪器或设备。

（7）无论电源是否切断，不能用手或者身体去停止机械转动。

（8）如果发现电路中电线绝缘材料有破裂，应立即更换新品，以免发生触电事故。

三、电气灭火常识

1. 电气消防

电气火灾是由输、配电线路漏电、短路或负载过热引起的。电气设备发生火灾一般有以下两个特点。

（1）着火后电气设备可能还带电，处理过程中若不注意仍有可能发生触电事故。

（2）有的电气设备工作时含有大量的油，不注意可能会发生喷油或爆炸，造成更大的事故。

电气火灾的处理方法与一般火灾的处理方法不同，具体处理方法如下。

（1）发现电子装置、电气设备、电缆等冒烟起火，要尽快切断电源，如图 1-1-2 所示。

（2）起火时，使用砂土、二氧化碳灭火器、干粉灭火器灭火，如图 1-1-3 所示。忌用泡沫灭火器和水进行灭火。

图 1-1-2　切断电源

图 1-1-3　灭火措施

（3）灭火时身体或灭火工具勿触及导线和电气设备，要留心地上的电线，以防触电。

（4）火过大无法扑灭时，应及时拨打 119。

2. 预防电气火灾

1）减少电气火灾事故的方法

（1）在安装电气设备的时候，必须保证质量，并满足安全防火的各项要求。

（2）不要在低压线路、开关、插座和熔断器附近放置油类、棉花、木材等易燃物品。

（3）电气火灾发生前一般都有前兆，要特别引起重视，如电线会因过热烧焦绝缘外皮，散发一种烧胶皮、烧塑料的难闻气味。

2）电气火灾事故的成因分析

常见电气火灾事故的成因分析如表 1-1-1 所示。

表 1-1-1　常见电气火灾事故的成因分析

成　因	分　析	预　防
线路过载	输电线的绝缘材料大部分是可燃材料，过载引起温度升高，引燃绝缘材料	（1）使输电线路容量与负载适应 （2）不准超标 （3）更换熔断器 （4）线路安装过载自动保护装置

成因	分析	预防
线路或电器产生电火花或电弧	电线断裂或绝缘材料损坏引起放电，点燃自身的绝缘材料及附近易燃材料或气体等	（1）按标准规则接线 （2）及时检修电路 （3）加载自动保护装置

3. 正确使用灭火器

干粉灭火器如图 1-1-4 所示。

（a）手提式干粉灭火器　　（b）挂壁式干粉灭火器

图 1-1-4　干粉灭火器

1）使用灭火器的注意事项

（1）水基型灭火器。

① 对于极性液体燃料（如甲醇、乙醚、丙酮等）火灾，只能使用抗溶性水基型灭火器。

② 水基型灭火器一般不适用于扑灭涉及带电设备的火灾，除非装配特殊喷雾喷嘴的，经电绝缘性能试验证实有效后，才可用于扑灭涉及带电设备的火灾。

（2）干粉灭火器。

① 干粉的粉雾对人的呼吸道有刺激作用。喷射干粉后，使用者应迅速撤离，特别是在有限空间内的人员，在喷射干粉时应及时撤离。

② 干粉灭火剂有腐蚀性，残存在物件上的干粉应及时清除。

③ 扑救油类火灾时，干粉灭火剂的抗复燃性较差。因此，扑灭油类火灾后应避免周围存在火种。

（3）二氧化碳灭火器。

① 二氧化碳灭火器不宜在室外有大风或室内有强烈空气对流处使用，否则二氧化碳会快速地被吹散而影响灭火效果。

② 在狭小的密闭空间使用二氧化碳灭火器后，使用者应迅速撤离，否则容易窒息。

③ 使用时应注意，不能用裸手直接握住喇叭筒，以防冻伤。

④ 二氧化碳灭火剂喷射时会产生干冰，使用时应考虑其产生的冷凝效应。

⑤ 二氧化碳灭火器的抗复燃性差。因此，扑灭火后应避免周围存在火种。

2）干粉灭火器的操作方法

（1）使用干粉灭火器前要上下颠倒摇晃使干粉松动，如图 1-1-5 所示。

（2）拔掉铅封，如图 1-1-6 所示。

   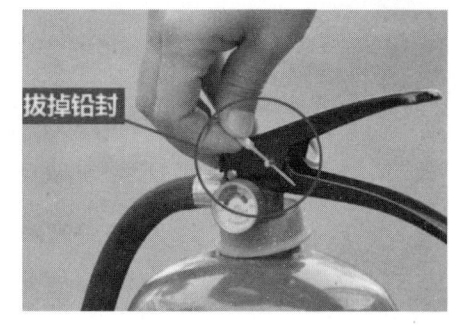

图 1-1-5　干粉灭火器摇晃　　　　　　　图 1-1-6　拔掉铅封

（3）拉出保险销，如图 1-1-7 所示。

（4）保持安全距离（距离火源约 2～3 m），左手扶喷管，喷嘴对准火焰根部，右手用力压下压把，如图 1-1-8 所示。

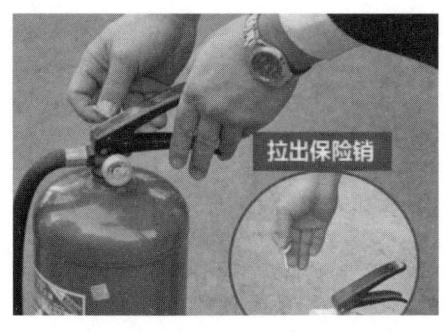   

图 1-1-7　拉出保险销　　　　　　　　图 1-1-8　灭火动作

任务实施

1. 模拟电工实训室中实训台电气设备着火，学生简述电气灭火步骤。
2. 在教师监督下，学生在空旷操场演示发生火灾时如何灭火，能够正确选择灭火器及使用灭火器灭火。

任务评价

通过以上学习，根据任务完成情况，填写任务评价表（见表 1-1-2），完成任务评价。

表 1-1-2　任务评价表

班级		学号		姓名		日期	
序号	评价内容				要求	自评	互评
1	能正确简述电气灭火步骤				正确描述		
2	能正确选择灭火方式				正确选用		
3	能正确使用灭火器				正确使用		
4	灭火后能简单分析引起火灾的原因并提出整改意见				分析正确		
教师评语							

任务2 触电急救

任务呈现

电能的广泛应用,给人类的生活带来了便利,但是如果使用不当,就会发生触电事故。如果遇到触电的情况,要能够进行自我保护或者救助他人,尽可能避免电对人的伤害,做到关爱生命、关爱社会。进行触电伤者急救时,应依据迅速、就地、准确、坚持的原则。作为电类工作岗位的技术人员更有必要掌握触电急救的技能。

任务要求:在电工实训室中,模拟有人触电了,然后让学生分组采取口对口及胸外心脏按压的急救方法对人体模型进行触电急救处理。

知识准备

一、触电方式

根据触电者接触导线数的不同,分为单相触电、双(两)相触电和跨步触电三种常见的触电方式。

1. 单相触电

如图 1-2-1(a)所示,人站在地面或其他接地导体上,人体触及一相带电体的触电事故称为单相触电。此时,人体承受 220 V 的相电压。

2. 双相触电

如图 1-2-1(b)所示,人体两处同时触及两相带电体的触电事故称为双相触电。此时,人体承受 380 V 的线电压。

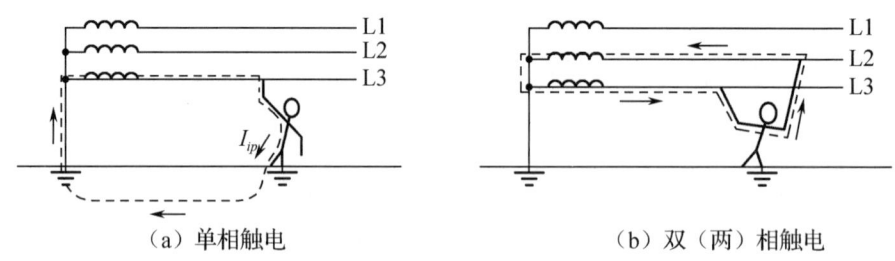

图 1-2-1 触电方式

3. 跨步触电

如图 1-2-2 所示,当带电导线直接接地时,人体虽没有接触带电设备外壳或带电导线,但在电位分布曲线的范围内,两脚之间形成跨步电压,这种情形造成的触电事故称为跨步触电。

图 1-2-2 跨步触电

二、电流对人体的伤害

人体触及带电体并形成电流通路造成的人体伤害，称为触电。电流对人体的伤害分为电击和电伤。电击是电流通过人体内部对人体器官及神经系统造成的破坏。电伤是电流通过人体外部造成的局部伤害。电流对人体的伤害程度与下列因素有关。

（1）通过人体的电流值：一般达到 30 mA 且持续时间超过 1 s 就可危及生命。

（2）人体电阻值：触电时，皮肤与带电体的接触面越大，人体电阻越小。

（3）电流通过人体时间的长短：电流通过人体的时间越长，由于人体发热和电流对人体的电解作用，人体电阻逐渐减小，流过人体的电流逐渐增大，伤害也越来越大。

（4）电流流过人体的途径：电流从头部到身体任何部位和从左手经前胸到脚的途径是最危险的，因为通过的重要器官最多。

（5）电流的频率：频率为 50～100 Hz 的电流最危险。

三、触电预防

（1）日常生活中触电的预防措施如图 1-2-3 所示。

（a）不要随意将三线插头改为两线插头

（b）不用湿手、湿布擦带电的灯头

（c）严禁私设电网

（d）不要乱拉、乱接电线

图 1-2-3 触电的预防措施

（e）发现断落电力线，不要靠近，不能捡

（f）下雨天不可躲在树下

图 1-2-3　触电的预防措施（续）

（2）安全用电的警示或禁止标志如图 1-2-4 所示。

图 1-2-4　安全用电的警示或禁止标志

（3）触电者触及低压带电设备后，救护人员应按图 1-2-5 所示步骤施救。

（a）用竹竿、木棒等绝缘物挑开电线

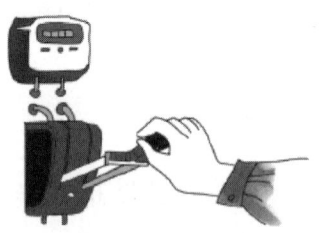
（b）使触电者脱离电源

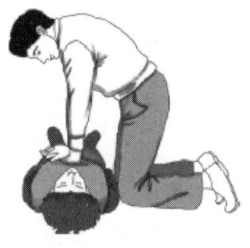
（c）立即施行急救

（d）尽快送医院，途中也应继续急救

图 1-2-5　触电后的施救步骤

四、触电急救方法

触电伤员呼吸或心跳均停止时，应立即采取心肺复苏法进行就地抢救。进行心肺复苏主要可采取以下两种方式。

1. 人工呼吸

人工呼吸是指用人为的方法，运用肺内压与大气压之间的压力差，使呼吸骤停者获得被动式呼吸，获得氧气，排出二氧化碳，维持最基础的生命。现场急救人工呼吸可采用口对口吹气法，或使用简易呼吸囊。在医院内抢救呼吸骤停患者时还可使用结构更复杂、功能更完善的呼吸机。在常温下，人缺氧 4～6 min 就会引起死亡，因此必须争分夺秒地进行有效呼吸，以挽救其生命（简单来说就是为了心脏复苏）。人工呼吸方法很多，有口对口吹气法、俯卧压背法、仰卧压胸法，但以口对口吹气式人工呼吸最为方便和有效。其适用于窒息、煤气中毒、药物中毒、呼吸肌麻痹、溺水及触电等情况。人工呼吸示意图如图 1-2-6 所示。

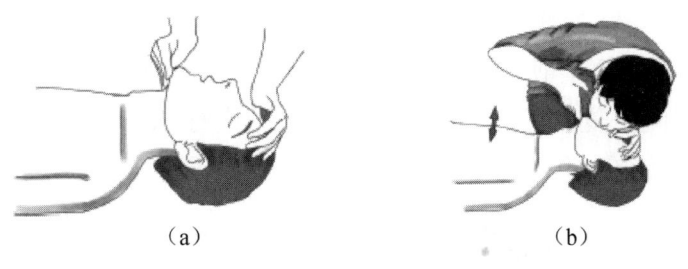

图 1-2-6　人工呼吸示意图

人工呼吸的具体实施方法如下。

（1）呼吸道要通畅。如果患者口鼻内有呕吐物、泥沙、血块、义齿等异物时，急救者要用纱布包住食指伸入口腔内进行清除。松开衣领、裤带、乳罩、内衣等。舌后坠者用纱布或手帕包住拉出或用别针固定在嘴唇上。

（2）先吹两口气。清洗病伤者口鼻异物后，口对口呼吸前先向患者口中吹两口气，以扩张已萎缩的肺，利于气体交换。

（3）姿势。患者仰卧位，头后仰，颈部用枕头或衣物垫起。口盖两层纱布，急救者用一手抬起下颌，另一手拇指、食指捏紧病者鼻翼，以防吹进的气体从鼻孔漏出。

（4）患者口张开，抢救者吸一口气后，张大口将患者的口全包住。

（5）做捏鼻动作。快而深地向病者口内吹气，并观察病者胸廓有无上抬下陷活动。一次吹完后，脱离病者之口，捏鼻翼的手同时松开，慢慢抬头再吸一口新鲜空气，准备下次口对口呼吸。

（6）吹入量。每次吹气量成人约 1200 ml，过大量易造成胃扩张。无法衡量时，急救者不要吸入过多的气体。

（7）呼吸频率。对于口对口呼吸的次数，成人为 16～20 次/min。单人急救时，每按压胸部 15 次后，吹气两口，即 15∶2；双人急救时，每按压胸部 5 次后，吹气 1 口，即 5∶1。有脉搏无呼吸者，每 5 s 吹一口气（12～16 次/min）。

（8）停止急救标准。一是患者的呼吸、心搏已恢复后可以停止；二是有经验的医生经检查后证实患者脑死亡可以停止。脑组织各部分对缺氧的耐受力是不一样的，一般大脑只能支持 4 min 左右，小脑可以维持 10～15 min，管辖呼吸、心搏中枢的延髓能坚持 20～

30 min。这就提醒急救者分秒必争,越早越好,抢救持续的时间尽可能延长,还有救活患者的希望。

2．闭胸心脏按压

闭胸心脏按压是采用人工方法帮助心脏跳动,维持血液循环,最后使患者恢复心跳的一种急救技术。其适用于各种创伤、电击、溺水、窒息、心脏疾病或药物过敏等引起的心搏骤停。

闭胸心脏按压的具体实施方法如下。

(1) 让患者仰卧在床上或地上,头低 10°,背部垫上木板,解开衣服,在胸廓正中间有一块狭长的骨头,即胸骨,胸骨下正是心脏。

(2) 急救者跪在患者的一侧,两手上下重叠,手掌贴于心前区(胸骨下 1/3 交界处),以冲击动作将胸骨向下压迫,使其陷下约 3~4 cm,随即放松(按压时要慢,放松时要快),让胸部自行弹起,如此反复,有节奏地按压,每分钟进行 60~80 次,直到心跳恢复为止。

闭胸心脏按压示意图如图 1-2-7 所示,闭胸心脏按压点如图 1-2-8 所示。

图 1-2-7　闭胸心脏按压示意图

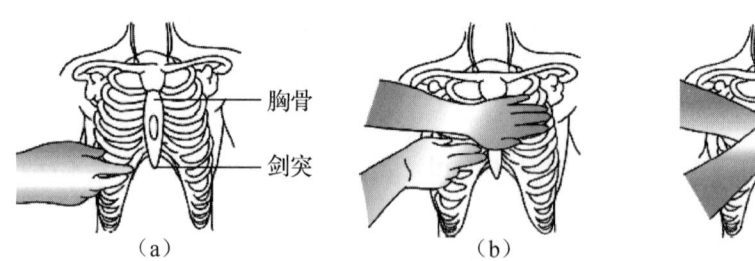

图 1-2-8　闭胸心脏按压点

闭胸心脏按压的注意事项如下。

(1) 按压时,不宜用力过大、过猛,部位要准确,不可过高或过低。否则,易致胸骨、肋骨骨折和内脏损伤,或者将食物从胃中挤出,逆流入气管,引起呼吸道梗阻。

(2) 闭胸心脏按压常常与口对口吹气法同时进行,吹气与按压之比在只有 1 人时,吹

1 口气，按压 8～10 次；2 人时，吹 1 口气，按压 4～5 次。

（3）在施行闭胸心脏按压的同时，要配合心内注射急救药物，如肾上腺素、异丙基肾上腺素等。

（4）如果患者体弱或是小孩，则用力要小些，甚至可用单手按压。

（5）按压有效时，可触到颈动脉搏动，自发性呼吸恢复，脸色转红，已散大的瞳孔缩小等。

任务实施

1. 模拟施工现场有学生触电倒地，教师讲解急救前的准备工作，同时示范急救过程。
2. 在教师监督下，学生分组先口述急救过程，然后对模拟病人实施人工口对口吹气法及闭胸心脏按压法进行急救。

任务评价

通过以上学习，根据任务完成情况，填写如表 1-2-1 所示的任务评价表，完成任务评价。

表 1-2-1 任务评价表

班级		学号		姓名		日期	
序号	评价内容				要求	自评	互评
1	急救前的准备工作				正确实施		
2	急救方法的正确选择				正确选择		
3	急救过程的正确操作				熟练操作		
4	急救后总结汇报				总结正确		
教师评语							

练习题

1. 试述电工实训室的安全操作规程。
2. 常见的触电方式有哪几种？请描述一下各自的特点。
3. 什么是触电？电流对人体的伤害程度与哪些因素有关？
4. 急救处理的基本步骤是什么？心肺复苏方法有哪两种？
5. 简述人工呼吸法的操作步骤。进行闭胸心脏按压时如何找准按压位置？

安全电压、低压、高压

安全电压是指为了防止触电而由特定电源供电所采用的电压系列。这个电压系列的上限，即两导体间或任一导体与地之间的电压，在任何情况下，都不超过交流有效值 50 V。我国规定安全电压额定值的等级为 42 V、36 V、24 V、12 V 和 6 V。当电气设备采用的电压超过安全电压时，必须按规定采取防止直接接触带电体的保护措施。因此，安全电压应根据作业场所、操作员条件、使用方式、供电方式、线路状况等因素选用。

低压是指交流电压在 1000 V 以下或直流电压在 1500 V 以下的电压等级。

高压是指配电线路交流电压在 1000 V 以上或直流电压在 1500 V 以上的电压等级。

注意：低压电和高压电之间没有绝对的界限，根据实际情况划分。由国家电力公司下发在电力系统中执行的《电业安全工作规程》中规定：对地电压在 1 kV 以下时称为"低压"，对地电压在 1 kV 及以上时称为"高压"。对电厂发电和供电来讲，以 6000～7000 V 为界，以上的为高压电，以下的为低压电。在工业上，电压为 380 V 或以上的称之为高压电。习惯上所说的 220/380 V 是低压，高于这个电压值的都是高压。

项目二 电路基础

项目描述

电路是电气类技术专业必修的入门知识,也是初级电工技术相关教程的第一课。通过本项目的学习,学生可以掌握简要电路图,了解电阻、欧姆定律、电功与电功率等相关基本概念及理论知识,为学习后续专业课、进一步接受新的电类知识、考证及就业打下良好的基础。

任务 1 手电筒的认识

任务呈现

电是与静电荷或动电荷相联系的能量的一种表现形式。电能是指使用电以各种形式做功的能力。电路就是实现电能的输送与转换或者信号的传递和处理的方式。组成电路的元器件及其连接方式虽然多种多样,但都包含电源(信号源)、负载和中间环节这三个基本组成部分。

任务要求:拆装手电筒,描述其电路组成元件名称及作用,画出其电路图,并分析它的不同工作状态。

知识准备

1. 电路的定义

电路是指电流流通的路径。它是由电气设备和元器件按一定方式连接起来的总体。

2. 电路的组成

如图 2-1-1 所示电路是由灯泡、开关、导线和干电池四部分组成的。不同功能的电路组成各不相同,一般由电源、负载、导线和开关等部分组成。

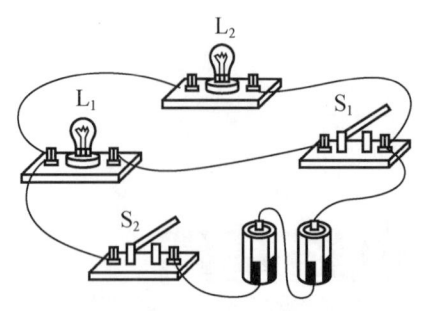

图 2-1-1　电路

（1）电源。电源是提供电能的设备。它的作用是将其他形式的能量转化为电能，并把电能源源不断地提供给负载。除了干电池，发电机、蓄电池、信号源等都属于电源，如图 2-1-2 所示。

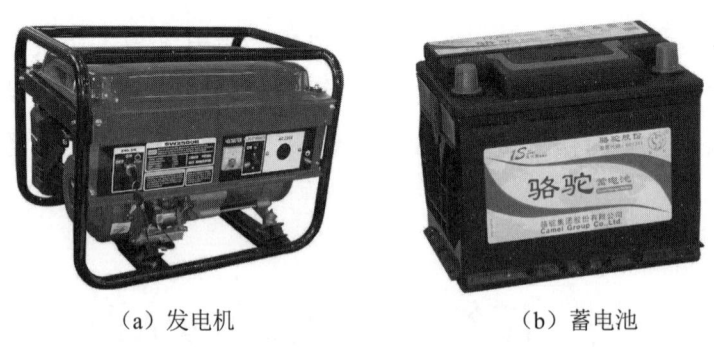

（a）发电机　　　　　　　　（b）蓄电池

图 2-1-2　电源

（2）负载。负载是各种用电设备的总称。它的作用是将电能转换为其他形式的能量。

（3）导线。导线用来连接电源与负载。它使电路构成一个闭合的回路，起着输送和分配电能的重要作用。一般常见导线的材质多为金属铜或铝。

（4）开关。开关的作用是接通和断开电路。

3．电路的分类

根据电源性质，可以将电路分为直流电路与交流电路；根据电流流通的路径，可以将电路分为内电路与外电路。电源内部的电路称为内电路；从电源一端由导线经过开关、负载回到电源另一端的电路称为外电路。

4．电路图

在分析和研究电路的时候，总是把实际设备抽象成一些理想的模型，用规定的图形符号表示，画出其电路模型图。常用的电气器件图形符号如表 2-1-1 所示。

表 2-1-1　常用的电气器件图形符号

类别	名称	图形符号	文字符号	类别	名称	图形符号	文字符号
发电机	发电机	Ⓖ	G	变压器	单相变压器	⌇⌇	TC

续表

类别	名称	图形符号	文字符号	类别	名称	图形符号	文字符号
发电机	直流测速发电机	(TG)	TG	变压器	三相变压器		TM
灯	信号灯（指示灯）	⊗	HL	互感器	电压互感器		TV
灯	照明灯	⊗	EL	互感器	电流互感器		TA
接插器	插头和插座	或	X 插头 XP 插座 XS		电抗器		L

5. 电路的状态

电路通常有三种状态，分别是通路、断路和短路，如表 2-1-2 所示。

表 2-1-2 电路的三种状态

电路状态		电路描述	特 点
通路		处处连通的电路	电路是闭合的，电路中有电流流过，负载能正常工作
断路		电路有某处断开	电路不能构成回路，电路中无电流流过，负载不能工作
短路	电源短路	导线直接连在电源的正负极上	电路中产生最大短路电流，容易烧坏电源，一般不允许电源短路
短路	负载短路	导线直接连在负载的两端	被短路的负载上的电压和电流都为零

任务实施

1．学生拆装手电筒，描述其电路组成元件名称及作用，画出其电路图。
2．重新组装好手电筒，控制开关观察手电筒的亮灭情况，并分析它不同的工作状态。

任务评价

通过以上学习，根据任务完成情况，填写任务评价表（见表 2-1-3），完成任务评价。

表 2-1-3 任务评价表

班级		学号		姓名		日期	
序号	评价内容				要求	自评	互评
1	能正确简述手电筒的基本组成				正确描述		
2	能正确绘制手电筒的电路图				正确绘制		
3	说出电路的三种状态				正确描述		
教师评语							

任务2　照明电路的分析

任务呈现

电路的功能，无论是能量的输送和分配，还是信号的传输和处理，都要通过电流、电压和电功率来实现。在电路分析中，人们所关心的物理量也是电流、电压和电功率。因此在分析和计算电路之前，先要建立并深刻理解这些物理量及其相互关系的基本概念。

任务要求：按照教师提供的简单照明电路图安装电路，应用电工仪表测量电路中电流、电压、电位、电动势的大小。

知识准备

一、电流

1．电流的形成

电荷的定向移动形成电流。在金属导体内有很多自由电子（见图2-2-1），如果在金属导体的两端加上一个电场，那么会使金属导体内部的电子在电场力的作用下向同一个方向运动，这样就形成了电流，如图2-2-2所示。

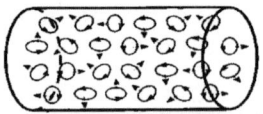　　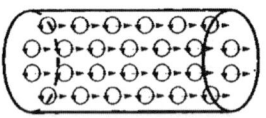

图2-2-1　电流的形成　　图2-2-2　电流的方向

2．电流的方向

通常，我们规定正电荷的运动方向为电流的方向。在分析与计算电路时，可以任意设定某一方向作为电流的参考方向（或称正方向），并用箭头标识在电路图上。若电流的实际方向与参考方向一致，则电流为正值；若两者相反，则电流为负值。电流的方向如图2-2-3所示。

3．电流的大小

电流的大小取决于在一段时间内通过导体横截面的电量的多少。电流的强弱用电流强度来衡量。通常，单位时间内通过导体横截面的电量为电流强度，用字母 I 表示，若在 t 秒内通过导体横截面的电量是 Q，则电流的表达式为

$$I = \frac{Q}{t}$$

式中　　Q——导体横截面的电量,单位为库仑(C);
　　　　t——通电时间,单位为秒(s);
　　　　I——通过导体的电流,单位为安培,简称安(A)。

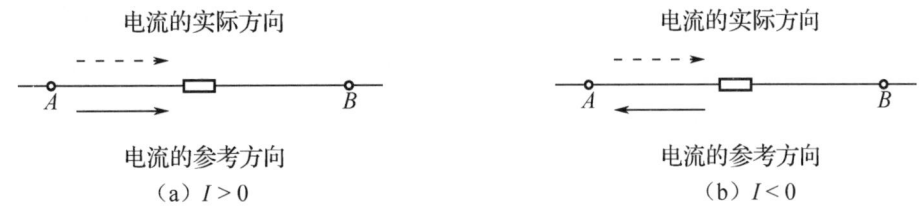

图 2-2-3　电流的方向

电流分为直流电流和交流电流两大类。凡是大小和方向都不随时间变化的电流,称为直流电流,简称直流,如图 2-2-4 所示;凡是大小和方向都随时间变化的电流,称为交流电流,简称交流,如图 2-2-5 所示。

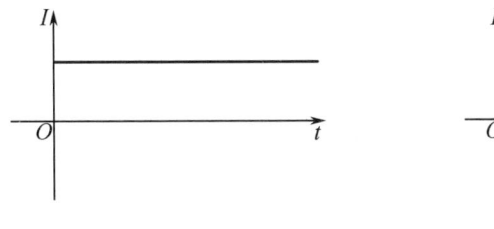

图 2-2-4　直流电流　　　　　　图 2-2-5　交流电流

虽然交流的大小是随时间不断变化的,但是我们可以在一个很短的时间(Δt)内研究它的大小。在 Δt 时间内,若通过导体横截面的电量的变化量是 ΔQ,则瞬间电流 I 为

$$I = \frac{\Delta Q}{\Delta t}$$

4．电流的测量

为了具体了解电路中电流的大小及其变化趋势,我们需要测量电路中的电流。常用到的测量电流的仪器有电流表(见图 2-2-6)及万用表(见图 2-2-7)。

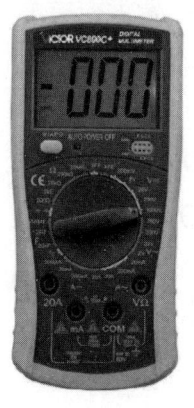

图 2-2-6　电流表　　　　　　图 2-2-7　万用表

二、电压

1. 电压定义

衡量电场力做功能力大小的物理量就是电压。如图 2-2-8 所示,电场力将处在电场中的单位正电荷从 a 点移动到 b 点所做的功为 W_{ab},则 W_{ab} 与正电荷电量 Q 的比值就称为电场中 a、b 两点之间的电压,用符号 U_{ab} 表示,即

$$U_{ab} = \frac{W_{ab}}{Q}$$

式中　W_{ab}——电场力所做的功,单位为焦耳,简称焦(J);

　　　Q——电量,单位为库仑(C);

　　　U_{ab}——导体两端的电压,单位为伏特,简称伏(V)。

常用的电压单位还有 kV(千伏)、mV(毫伏)和 μV(微伏),它们之间的换算关系为

$$1 \text{ kV} = 1000 \text{ V}$$
$$1 \text{ V} = 1000 \text{ mV}$$
$$1 \text{ mV} = 1000 \text{ μV}$$

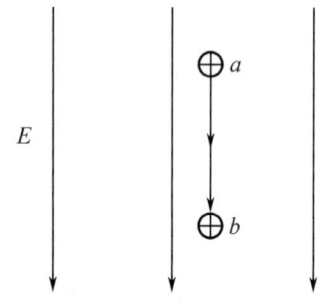

图 2-2-8　电压定义

2. 电位

如果在电路中任选一点作为参考点,那么电路中某点的电位就是该点到参考点之间的电压,电位用符号 V 表示,单位也是伏(V)。如图 2-2-9 所示,以 o 点为参考点,则 a 点的电位为

$$V_a = \frac{W_{ao}}{Q} = U_{ao}$$

同样,b 点的电位为

$$V_b = \frac{W_{bo}}{Q} = U_{bo}$$

通常规定参考点的电位为零,所以参考点又叫零电位点。高于参考点的电位是正电位,低于参考点的电位是负电位。

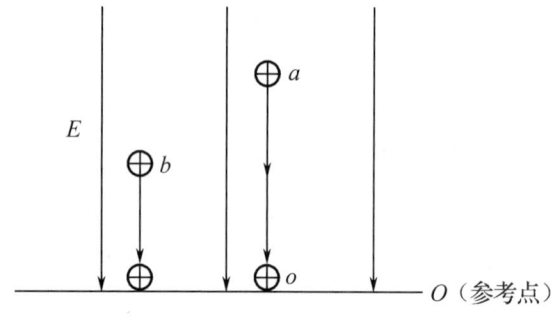

图 2-2-9　电位

3. 电压与电位的关系

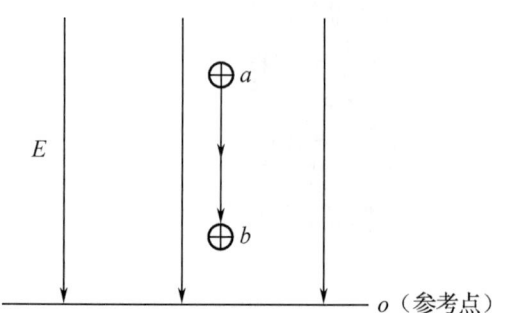

图 2-2-10　电压和电位

在图 2-2-10 中,U_{ao} 表示电场力把单位正电荷从 a 点移动到 o 点所做的功

$$U_{ao} = U_{ab} + U_{bo}$$

所以

$$U_{ab} = U_{ao} - U_{bo} = V_a - V_b$$

由此可以得出结论:电路中任意两点之间的电压就是这两点之间的电位之差。电压的方向规定为

由高电位指向低电位，即电场力移动正电荷做功的方向。

4．电压的测量

电路中的电压可以用电压表来测量。直流电压表的使用规则有以下几点。

（1）电压表要并联在被测电路的两端。

（2）"+"接线柱接高电位端，"-"接线柱接低电位端。若接线错误，容易损坏电压表。

（3）被测电压不得超过电压表的量程。

（4）电压表可以直接并联在电源的两极，测出的是电源两极间的电压。

三、电动势

1．定义

非电场力把单位正电荷从电源的负极经电源内部移动到正极所做的功，称为该电源的电动势，用符号 E 表示，即

$$E = \frac{W}{Q}$$

式中　W——非电场力所做的功，单位为焦（J）；

Q——电量，单位为库仑（C）；

E——电动势，单位为伏（V）。

2．电动势与电压的关系

电动势与电压的定义相似，但又有一些区别。

（1）电动势与电压具有不同的物理意义。电动势表示非电场力（电源力）做功的大小，而电压则表示电场力做功的大小。

（2）电动势与电压的方向不同。电动势的方向是由低电位指向高电位，即电位升高的方向，而电压则由高电位指向低电位，即电位降低的方向。

（3）电动势仅存在于电源的内部，而电压不仅存在于电源两端，还存在于外电路中。

四、电阻

1．定义

导体对电流的通过有阻碍作用。导体两端的电压与通过该导体的电流的比值称为这段导体的电阻，用符号 R 表示，即

$$R = \frac{U}{I}$$

式中　U——导体两端的电压，单位为伏（V）；

I——导体中的电流，单位为安（A）；

R——导体的电阻，单位为欧姆（Ω）。

电阻是反映导体对电流阻碍作用大小的物理量。

2. 电阻定律

在一定温度下，导体的电阻与导体的长度成正比，与导体的横截面积成反比，并与导体的材料性质有关，可以表示为

$$R = \rho \frac{l}{S}$$

式中　ρ——导体的电阻率，单位为欧·米（$\Omega \cdot m$）；

L——导体的长度，单位为米（m）；

S——导体的横截面积，单位为平方米（m^2）；

R——导体的电阻，单位为欧（Ω）。

ρ 是与导体材料性质有关的物理量，称为电阻率或者电阻系数，它通常是指温度在 2～20℃时，长度为 1 m，横截面积为 1 m 的某种材料的电阻值。表 2-2-1 所示是几种常用导体材料在 20℃时的电阻率。

表 2-2-1　几种常用导体材料在 20℃时的电阻率

材料名称	电阻率 ρ（$\Omega \cdot m$）	电阻温度系数 α（1/℃）	材料名称	电阻率 ρ（$\Omega \cdot m$）	电阻温度系数 α（1/℃）
银	1.65×10^{-8}	0.0036	铁	9.8×10^{-8}	0.0062
铜	1.75×10^{-8}	0.004	碳（非晶态）	3.5×10^{-5}	−0.0005
铝	2.8×10^{-8}	0.0042	锰铜	44×10^{-8}	0.000006
钨	5.5×10^{-8}	0.0044	康铜	48×10^{-8}	0.000005

3. 常用电阻器

我们把具有一定阻值的实体元件称为电阻器。

1）电阻器的分类

电阻器分为固定电阻器和可变电阻器两类。

（1）固定电阻器。固定电阻器的阻值在制成后无法改变，其常用电阻图形符号如图 2-2-11 所示。

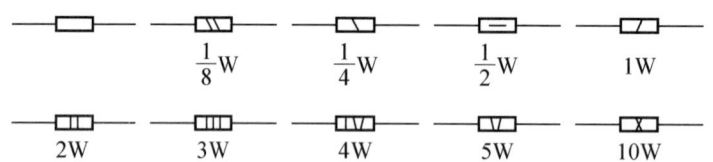

图 2-2-11　电阻图形符号

常用固定电阻器的特点如表 2-2-2 所示。

表 2-2-2　常用固定电阻器的特点

分　类	特　点
线绕电阻器	用康铜或镍铬合金电阻丝在陶瓷骨架上绕制而成。这种电阻器工作性能稳定，耐热性好，误差范围小，适用于大功率的场合

续表

分　类	特　点
金属膜电阻器	通过刻槽和改变金属厚度可以控制金属膜电阻器的阻值。这种电阻器与碳膜电阻器相比，体积小，噪声低，稳定性好，但成本较高
碳膜电阻器	通过改变碳膜厚度或用刻槽的方法改变碳膜的长度可以得到不同的阻值。其功率小，价格便宜，常用在电子产品上
实心电阻器	在电阻器外表上用色环表示其阻值。这种电阻器成本低，阻值范围宽，但性能差，很少采用

（2）可变电阻器。可变电阻器的阻值可以在一定范围内变化。具有三个引出端的可变电阻器常称为电位器。虽然电位器的种类很多，但是其基本结构相同。可变电阻器的图形符号如图 2-2-12 所示。

常用电位器的特点如表 2-2-3 所示。

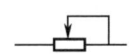

图 2-2-12　可变电阻器的图形符号

表 2-2-3　常用电位器的特点

名　称	特　点
旋转式电位器	旋转手柄调节阻值
直滑式电位器	横向拨动手柄调节阻值
微调电位器	使用十字旋具嵌入十字凹槽中旋转以调节阻值
带开关电位器	将开关的功能和电位器的功能结合在一起

2）电阻器的主要指标

电阻器的主要指标是标称阻值、允许偏差和额定功率。

（1）标称阻值。为了便于生产，同时考虑到实际使用的需要，国家规定一系列阻值作为产品的标准，这一系列阻值叫作电阻器的标称阻值，如表 2-2-4 所示。电阻器的标称阻值应为表中所列数值的 n 倍，其中 n 可为正整数、负整数或者零。

表 2-2-4　电阻器的标称阻值

系　列	偏　差	标　称　阻　值											
E24	±5%（J）	1.0	1.1	1.2	1.3	1.5	1.6	1.8	2.0	2.2	2.4	2.7	3.0
		3.3	3.6	3.9	4.3	4.7	5.1	5.6	6.2	6.8	7.5	8.2	9.1
E12	±10%（K）	1.0	1.2	1.5	1.8	2.2	2.7	3.3	3.9	4.7	5.6	6.8	8.2
E6	±20%（M）	1.0	1.5	2.2	3.3	4.7	6.8						

（2）允许偏差。电阻器的标称阻值与实际阻值不完全相符，存在着一定的误差（偏差）。设 R 为实际阻值，R_H 为标称阻值，则允许偏差 r 的表达式为

$$r = \frac{R - R_H}{R_H} \times 100\%$$

（3）额定功率。额定功率是指在一定条件下元器件长期使用所允许承受的最大功率。电阻器额定功率越大，允许流过的电流就越大。碳膜、金属膜电阻器的长度、直径与功率对照表如表 2-2-5 所示。

电阻器额定功率识别方法如下。

① 对于标注了功率的电阻器，可根据标注的功率值来识别功率大小。

② 对于没有标注功率的电阻器，可根据长度和直径来判别其功率大小。长度和直径值越大，功率就越大。

表 2-2-5　碳膜、金属膜电阻器的长度、直径与功率对照表

碳膜电阻器		金属膜电阻器		额定功率（W）
长度（mm）	直径（mm）	长度（mm）	直径（mm）	
8	2.5	—	—	0.06
12	2.5	7	2.2	0.125
15	4.5	8	2.6	0.25
25	4.5	10.8	4.2	0.5
28	6	13	6.6	1
46	8	18.5	8.6	2

3）电阻器的标识方法

标称阻值、允许偏差、额定功率等主要指标不仅可以用数字和文字符号直接标在电阻器的表面（直标法），还可用色环标识法。固定电阻器色环标识符号如表 2-2-6 所示。辨认这种电阻的阻值时要从左至右进行，最左边为第一环。

表 2-2-6　固定电阻器色环标识符号

颜　色	有效数字	乘　　数	允许偏差（%）	颜　色	有效数字	乘　　数	允许偏差（%）
银色	—	10^{-2}	±10	黄色	4	10^4	—
金色	—	10^{-1}	±5	绿色	5	10^5	±0.5
黑色	0	10^0	—	蓝色	6	10^6	±0.2
棕色	1	10^1	±1	紫色	7	10^7	±0.1
红色	2	10^2	±2	灰色	8	10^8	—
橙色	3	10^3	—	白色	9	10^9	+50 −20

4）电阻器的选用

电路中所选电阻器的阻值应接近应用电路中计算值的一个标称值，应优先选用标准的电阻器。一般电路使用的电阻器允许误差为±（5%～10%）。精密仪器及特殊电路中使用电阻器时应选用精密电阻器。

选用电阻器的额定功率要符合应用电路中对电阻器功率容量的要求，一般不应随意增加或减小电阻器的功率。若电路要求是功率型电阻器，则其额定功率可高于实际应用电路要求功率的 1.5～2 倍。

五、万用表

万用表是一种电工仪表，可以进行电压、电阻、电流等参数的测量。万用表按测量原理分为指针式和数字式两种。指针式万用表是以机械表头为核心部件构成的多功能测量仪表，所测数值由表头指针指示读取；数字万用表所测数值由液晶显示屏直接以数字的形式显示，同时带有某些语音的提示功能。按外形划分有台式、钳形式、手持式和袖珍式等。数字万用表使用方法如下。

1. 电压的测量

（1）直流电压的测量，如电池、随身听电源等。先将黑表笔插进"COM"孔，红表笔插进"VΩ"，将旋钮旋至比估计值大的量程（注意：表盘上的数值均为最大量程，"V−"表示直流电压挡，"V～"表示交流电压挡，"A"是电流挡），接着把表笔接到电源或电池两端，保持接触稳定。数值可以直接从显示屏上读取，若显示为"1."，则表明量程太小，需要加大量程后再测量。若在数值左边出现"−"，则表明表笔极性与实际电源极性相反，此时红表笔接的是负极。

（2）交流电压的测量。表笔插孔与直流电压的测量一样，不过应该将旋钮旋至交流挡"V～"处所需的量程即可。交流电压无正负之分，测量方法跟前面相同。

无论测交流电压还是直流电压，都要注意人身安全，不要随便用手触摸表笔的金属部分。

2. 电流的测量

（1）直流电流的测量。先将黑表笔插入"COM"孔。若测量大于 200 mA 的电流，则要将红表笔插入"10 A"插孔，并将旋钮旋至直流"10 A"挡；若测量小于 200 mA 的电流，则将红表笔插入"200 mA"插孔，将旋钮旋至直流 200 mA 以内的合适量程。调整好以后，就可以进行测量。将万用表串联进电路中，保持稳定，即可读数。若显示为"1."，则要加大量程；若在数值左边出现"−"，则表明电流从黑表笔流进万用表。

（2）交流电流的测量。其测量方法与测量直流电流的相同，不过挡位应该旋至交流挡位，电流测量完毕后应将红笔插回"VΩ"孔。

（3）电阻的测量。将表笔插进"COM"和"VΩ"孔中，把旋钮旋至"Ω"中所需的量程，用表笔接在电阻两端的金属部位，测量中可以用手接触电阻，但不要同时接触电阻两端，这样会影响测量的精确度——人体是电阻很大但有限大的导体。读数时，要保持表笔和电阻有良好的接触；注意单位，"200"挡位的单位是"Ω"，"2 k"到"200 k"挡位的单位为"kΩ"，"2 M"以上挡位的单位是"MΩ"。

任务实施

1. 应用数字万用表对灯泡、开关及电源进行测试，确保元件及电源完好。
2. 按照教师提供的照明电路图连接电路，经教师检查无误后接通电源。
3. 实验中的要求及注意事项如下。

（1）将万用表调至直流电流挡，依次测量不同点之间的电流，并记录以供后面分析用。

（2）以两个不同点为参考点，分别测量各点的电位及两点之间的电压，将测量数据记录，供后面分析，并完成实验报告。

（3）使用万用表进行测量时，注意量程的选择。

（4）使用万用表测量时，需待显示屏上的数值显示稳定后方可读数

（5）严禁将电源短路，在连接电路与拆线时应断开电源。

任务评价

通过以上学习，根据任务完成情况，填写如表 2-2-7 所示的任务评价表，完成任务评价。

表 2-2-7 任务评价表

班级		学号		姓名		日期	
序号	评价内容				要求	自评	互评
1	能正确使用测量工具检测元件及电源				正确使用		
2	能正确按图接线				规范用电		
3	能正确使用万用表测量各参数				正确使用		
4	根据测量结果，区分电压和电位的关系及不同				正确区分		
教师评语							

任务 3 灯光明暗的控制

任务呈现

日常生活中，在用电高峰时开灯，家里的电灯会比较暗，而深夜时会比较亮，这是为什么呢？某些小区在大型建设工程的施工现场旁边，经常用电设备不能正常工作，这又是为什么呢？其实这些现象都与欧姆定律有关，即与负载的两端电压或流过的电流有直接关系。

任务要求：通过滑线变阻器的变化来控制电灯的明暗，分析其中的原因。

知识准备

一、部分电路欧姆定律

在如图 2-3-1 所示的一段不包含电源的电路中，流过电阻的电流 I 与电阻两端的电压 U 成正比，与电阻值 R 成反比，这个结论就叫作欧姆定律。在电压、电流的参考方向一致的前提下，其表达式为

$$I = \frac{U}{R}$$

线性电阻的伏安特性曲线

电压与电流之间总是具有线性关系的电阻称为线性电阻。线性电阻是一种线性的电路元件。全部由线性元件构成的电路叫作线性电路。除特别指出外,所有电阻均指线性电阻。一般情况下,表示一个元件的电压与电流之间关系的曲线称为此元件的伏安特性曲线,如图 2-3-2 所示为电阻 $R = 10\ \Omega$ 的伏安特性曲线。

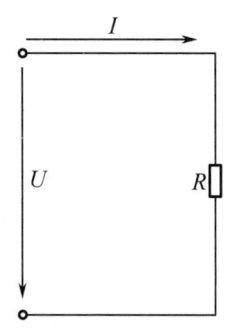
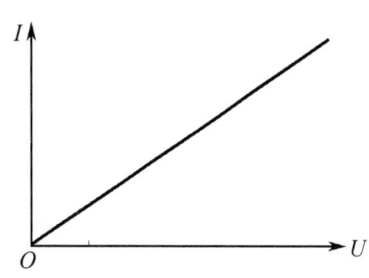

图 2-3-1 不包含电源的电路　　图 2-3-2 电阻 $R = 10\ \Omega$ 的伏安特性曲线

二、全电路欧姆定律

全电路是指含有电源的闭合电路,如图 2-3-3 所示。

图 2-3-3 中的虚线框内含有一个电源,用字母 G 表示。电源的内部一般都是有电阻的,此电阻称为电源的内阻,用 r 表示。为了分析方便,通常在电路图中把内阻 r 单独画出。内阻 r 也可不单独画出,而是在电源符号旁标明阻值的大小。

电流流过电源内部时,在电源的内阻上产生了电压降 $U_r = Ir$。可见,电路闭合时的端电压 U 等于电源电动势 E 减去内阻电压降 U_r,即 $U = E - U_r$,把 $U_r = Ir$ 和 $U = IR$ 代入上式,可得 $IR = E - Ir$,整理得

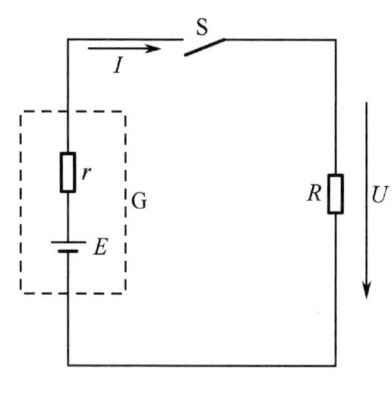

图 2-3-3 全电路

$$I = \frac{E}{R+r}$$

式中表明,电流与电源的电动势成正比,与电路中的内、外电阻之和成反比,这个规律称为全电路欧姆定律。

三、电源的外特性

若将全电路欧姆定律写成 $U = E - Ir$ 的形式,则此式可以看成是电源的端电压 U 与输出电流 I 之间的关系。如果用纵坐标表示电源的端电压 U,横坐标表示电源的输出电流 I,那么端电压与输出电流的关系特性曲线称为电源的外特性曲线。当电源内阻 r 为常数时,外特性曲线为一条向下倾斜的直线,如图 2-3-4 所示。

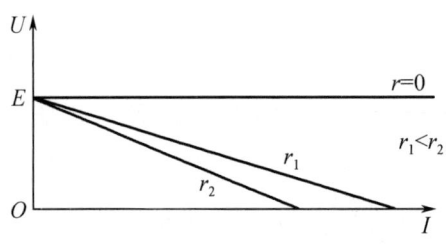

图 2-3-4　电源的外特性曲线

当 $I = 0$ 时，即电路开路时 $U = E$，电源的端电压最大。随着输出电流 I 增加，电源端电压按直线规律下降。根据电源的外特性曲线可以看出：当电源接较大负载时，端电压下降较大；当电源接较小负载时，端电压下降较小。电源的端电压大小不但与负载有关，而且与电源的内阻大小有关。在负载电流不变的情况下，内阻越小，端电压下降得越少；内阻越大，端电压下降得越多。当内阻为零时，也就是理想情况下，端电压不再随电流变化。

任务实施

1．根据教师提供的含有可变电阻及负载灯泡的线路图，学生按图连线，检查无误后通电。
2．学生通过改变可变电阻控制灯泡的明暗，利用仪表测量相关数据，然后应用欧姆定律算出相关数据，分析灯泡明暗的原因。

任务评价

通过以上学习，根据任务完成情况，填写任务评价表（见表 2-3-1），完成任务评价。

表 2-3-1　任务评价表

班级		学号		姓名		日期	
序号	评价内容			要求		自评	互评
1	能正确按图接线			正确连接			
2	能安全用电，遵守用电守则			规范用电			
3	能正确使用工具测量参数			正确使用			
4	能根据实验数据分析灯泡明暗的原因			正确分析			
教师评语							

任务 4　光控电路的组装

任务呈现

在实际电路中，常有一个电源向多个电阻（负载）供电，这些电阻在电路中按一定的方式连接起来。电阻的接法不同，电阻上电压和电流的数值也不同。在光控电路中就有许多电阻，它们的连接方式有串联，也有并联，因此了解电阻的连接方式有实际应用意义。

任务要求：完成光控电路的连接，并为缺失的电阻组合等效的电阻，然后通电展示光控电路的效果。

电阻的连接方法有很多，但基本类型有串联、并联和混联三种。不同接法的电路所应采取的计算方法也不同。当有多个电阻接入电路时，先要区分它们的连接关系，然后求出等效电阻，最后计算电路中各电阻的电压和电流。

一、串联

1．定义

在电路中，两个或两个以上电阻按顺序首尾依次相连，使电流只有一条通路的连接方式称为电阻的串联。图2-4-1（a）所示为R_1、R_2、R_3三个电阻的串联电路。图2-4-1（b）所示是R_1、R_2、R_3三个电阻串联的等效电路。

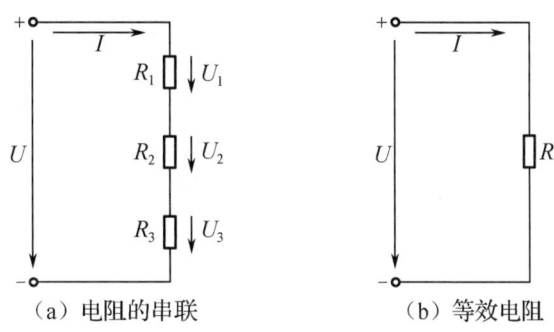

（a）电阻的串联　　　　　　（b）等效电阻

图2-4-1　串联电路

2．串联电路的特点

（1）电路中流过每个电阻的电流都相等。
（2）电路两端的总电压等于各电阻两端的电压之和。
（3）电路的等效电阻（即总电阻）等于各串联电阻之和。
（4）电路中各电阻上的电压与各电阻的阻值成正比。

当R_1、R_2、R_3串联后，每个电阻上的电压分别为

$$\begin{cases} U_1 = R_1 I = \dfrac{R_1}{R_1+R_2+R_3}U = \dfrac{R_1}{R}U \\ U_2 = R_2 I = \dfrac{R_2}{R_1+R_2+R_3}U = \dfrac{R_2}{R}U \\ U_3 = R_3 I = \dfrac{R_3}{R_1+R_2+R_3}U = \dfrac{R_3}{R}U \end{cases}$$

上式称为串联电阻的分压公式，式中

$$\frac{R_1}{R} = \frac{U_1}{U}, \quad \frac{R_3}{R} = \frac{U_3}{U}, \quad \frac{R_2}{R} = \frac{U_2}{U}$$

分别为各电阻上的电压与总电压之比，称为分压比，分压比是小于 1 的数值。

（5）电路中各电阻消耗的功率与阻值成正比，即

$$P_1 : P_2 : P_3 : \cdots : P_n = R_1 : R_2 : R_3 : \cdots : R_n$$

串联电路的总功率 P 为

$$P = UI = P_1 + P_2 + P_3 + \cdots + P_n$$

3．串联电路的应用

（1）在实际工作中，我们可以用串联的方法，把若干较小电阻连接起来以获得较大的电阻。

（2）常常根据串联分压原理采用几个电阻串联的方式构成电阻分压器，使同一电源能供给几种不同的电压。

（3）利用串联电阻的方法，限制和调节电路中电流的大小。

（4）在电工测量中，用串联电阻来扩大电压表的量程，以便测量较高的电压。

利用串联电阻的分压作用，将一个电阻与表头串联，即可构成一个单量程的直流电压表，如图 2-4-2（a）所示。如果要构成一个多量程的电压表，可以用一个转换开关 S 来控制与表头串联的电阻值，如图 2-4-2（b）所示。

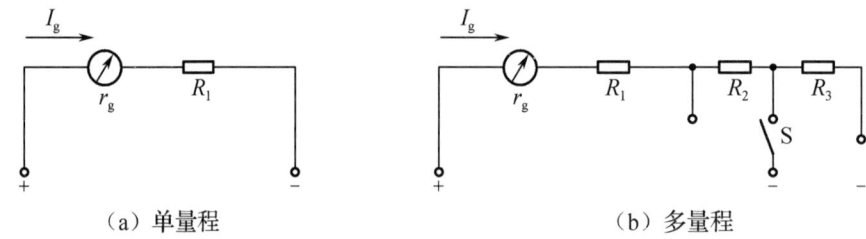

（a）单量程　　　　　　　　　　（b）多量程

图 2-4-2　电压表的扩量程

二、并联

1．定义

把两个或两个以上的电阻并列连接在两点之间，使每一个电阻两端都承受同一个电压的连接方式叫作电阻的并联。图 2-4-3（a）所示为 R_1、R_2、R_3 三个电阻的并联电路。图 2-4-3（b）所示为 R_1、R_2、R_3 三个电阻并联的等效电路。

2．并联电路的特点

（1）电路中各电阻两端的电压相等，并且等于电路两端的电压。

（2）电路的总电流等于各电阻中的电流之和。

（3）电路的等效电阻（即总电阻）的倒数等于各并联电阻的倒数之和

$$\frac{1}{R} = \frac{1}{R_1} + \frac{1}{R_2} + \frac{1}{R_3} + \cdots + \frac{1}{R_n}$$

（a）电路的并联　　　　　　（b）等效电阻

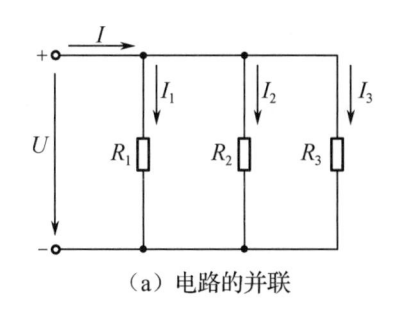

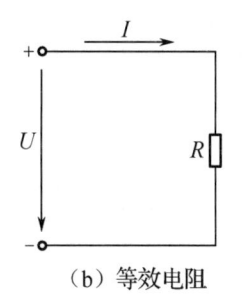

图 2-4-3　并联电路

（4）在电阻并联电路中，各支路分配的电流与支路的电阻值成反比。

R_1、R_2、R_3 并联后，每个电阻中的电流分别为

$$\begin{cases} I_1 = \dfrac{U}{R_1} = \dfrac{R}{R_1} I \\ I_2 = \dfrac{U}{R_2} = \dfrac{R}{R_2} I \\ I_3 = \dfrac{U}{R_3} = \dfrac{R}{R_3} I \end{cases}$$

上式称为并联电路的分流公式，式中

$$\dfrac{R}{R_1} = \dfrac{I_1}{I}, \quad \dfrac{R}{R_2} = \dfrac{I_2}{I}, \quad \dfrac{R}{R_3} = \dfrac{I_3}{I}$$

分别为各电阻中的电流与总电流之比，称为分流比，分流比是小于 1 的数值。

（5）电路中各电阻消耗的功率与阻值成反比，即

$$P_1 : P_2 : P_3 : \cdots : P_n = \dfrac{1}{R_1} : \dfrac{1}{R_2} : \dfrac{1}{R_3} : \cdots : \dfrac{1}{R_n}$$

并联电路的总功率为

$$P = UI = P_1 + P_2 + \cdots + P_n$$

3．并联电路的应用

（1）凡额定电压相同的负载几乎全采用并联，因为所并联的任何一个负载工作时都不影响其他负载，人们可根据需要来接通或断开各个负载。

（2）根据并联后总电阻减小的特点，有时可将几个大阻值的电阻并联起来配成小阻值电阻，以满足电路的要求。

（3）在电工测量中，可在电流表两端并联分流电阻，以扩大电流表的量程。

三、混联

1．定义

电路中既有电阻串联又有电阻并联的连接方式，称为电阻的混联。电阻混联电路在实际应用中非常广泛。

图 2-4-4 所示为两种基本的混联电路连接方式。图 2-4-4（a）为电阻 R_1 和 R_2 串联后再

与 R_3 并联的混联电路，称为"先串后并"结构，其等效电阻为 $R = (R_1 + R_2) // R_3$；图 2-4-4（b）为电阻 R_2 和 R_3 并联后再与 R_1 串联的电路，称为"先并后串"结构，其等效电阻为 $R = R_1 + R_2 // R_3$。

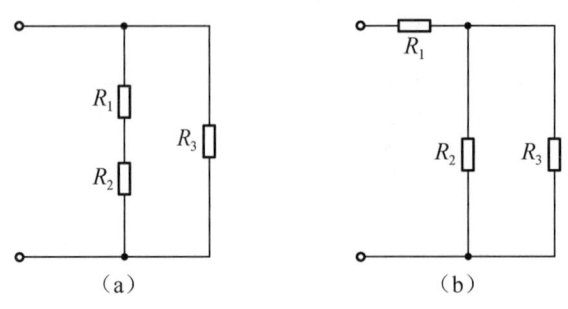

图 2-4-4　混联电路

2. 混联电路等效电阻的计算方法和步骤

（1）先看清混联电路中各电阻之间的关系，并在此基础上画出等效电路图。如图 2-4-5 所示的电路，它是由 R_2 和 R_3 先并联后再与 R_1 串联而成的。据此画出它的等效电路图，如图 2-4-6 所示。

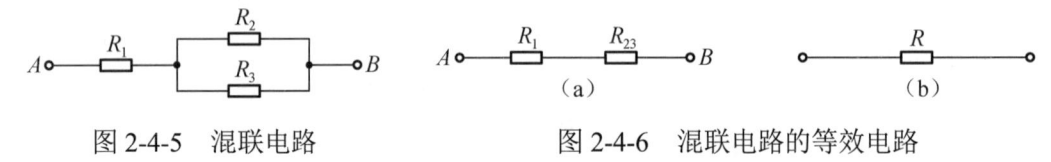

图 2-4-5　混联电路　　图 2-4-6　混联电路的等效电路

（2）用电阻的串联和并联公式将电路进行简化，求出等效电阻 R。

任务实施

1．教师先讲解电路的功能，包括光敏电阻、发光二极管及三极管的大致作用。

2．教师用面包板按照图 2-4-7 所示的光控电路图连接好一块示范板，通电后，应用手机照明远近照射光敏电阻，展示光控的效果。

3．学生按照教师的示范板连接，但缺少 100 Ω 和 10 kΩ 的电阻，只提供了 1 kΩ、20 kΩ、50 Ω、200 Ω 的电阻，需要通过串、并联方式组合出电路需要的电阻，然后通电调试。

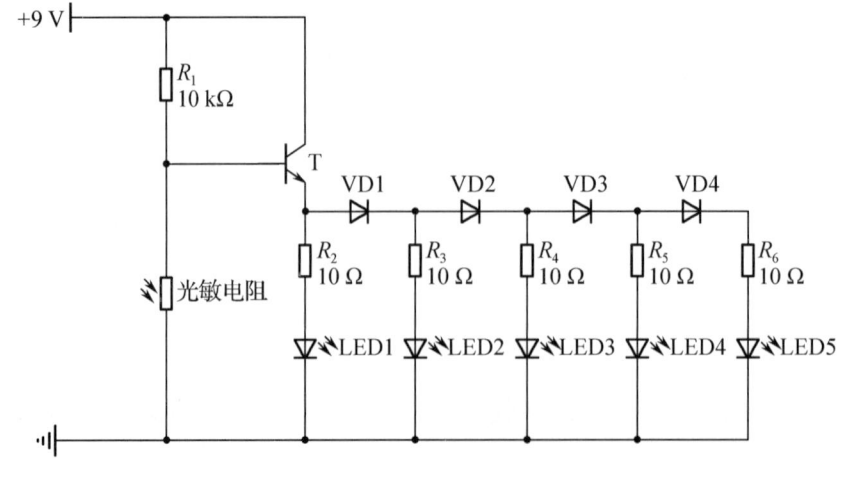

图 2-4-7　光控电路图

任务评价

通过以上学习，根据任务完成情况，填写如表 2-4-1 所示的任务评价表，完成任务评价。

表 2-4-1 任务评价表

班级		学号		姓名		日期	
序号	评价内容			要求	自评	互评	
1	能大致了解电路功能			简要说明			
2	能通过串并联方式得到所需要的等效电阻			万用表检测			
3	能按图正确接线			成功展示			
教师评语							

任务 5 家庭照明电费的计算

任务呈现

电费是日常家庭支出的一部分，它与电能表的示数有关，而电能表示数的多少和家用电器设备多少及使用时间长短有关，其中在照明电路中与灯泡的功率有直接的关系。灯泡在单位时间内消耗的电能越多就越亮，反之灯泡就越暗。本质上就是与电功和电功率有关，即与负载消耗电能的多少和快慢有关。

任务要求：调查家中日光灯的功率、数量，假设平均每天使用 5 小时，每度电按 0.6 元计费，计算出一个月（30 天）你家的照明电费大概需要多少元？

知识准备

一、电功

当电流在电路中流动时，电源力和电场力都要做功。使正电荷从电源正极经外电路移至电源负极是电场力在做功；使正电荷在电源内部从负极移动到正极是电源力在做功。电场力移动电荷所做的功，即电流所做的功，简称电功，用 W 表示。

根据公式 $I=\dfrac{Q}{t}$，$U=\dfrac{W}{Q}$ 及欧姆定律，可以得出电功 W 的数学表达式为

$$W = UQ = UIt = I^2 Rt = \dfrac{U^2}{R} t$$

式中 U——导体两端的电压，单位为伏（V）；

I——导体中的电流，单位为安（A）；

t——通电时间，单位为秒（s）；

W——电场力所做的功,单位为焦(J)。

实际生活中,电功的单位常用"度"即千瓦时(kW·h)来表示。二者的关系是,1千瓦的用电设备在1小时里消耗的电能为1千瓦时,即1度。负载消耗电功的多少,可以用电度表来测量。"度"与"焦耳"的换算关系为 1 度 = 1 kW·h = 3.6×10⁶ J。当电流通过导体使导体发热的现象称为电流的热效应。实践证明,电流通过导体时,产生热量 Q 的大小与电流的平方、导体的电阻值及通电时间成正比,即

$$Q = I^2Rt$$

式中　I——导体中的电流,单位为安(A);

　　　R——导体的电阻,单位为欧(Ω);

　　　t——通电时间,单位为秒(s);

　　　Q——热量,单位为焦(J)。

这个公式是由英国物理学家焦耳和俄国科学家楞次各自独立地用实验方法得出的结论,所以我们称之为焦耳-楞次定律(一般简称焦耳定律)。

焦耳定律是定量说明传导电流将电能转换为热能的定律。电流的热效应应用很广泛,根据这一原理可以制作电炉、电烙铁、电吹风等电热器,还可以制作对电路起保护作用的元件,如熔断器就是一种最简单的保护装置。

电流的热效应也有其不利的一面,如使导线发热,这不但消耗电能,而且使用电设备的温度升高,加速了绝缘材料的老化、变质,容易导致漏电,甚至烧毁设备。为了保证电气元件和电气设备长期安全工作,应该规定一个最高工作温度。显然,工作温度取决于发热量,而发热量又由电流、电压和功率决定。因此,为了使设备能够正常运行,通常生产厂家规定了在一定工作条件下电器产品的额定电流、额定电压、额定功率、额定温度、额定转速等额定值。

二、电功率

电功只能说明电场力做功的多少,而不能说明其做功的快慢。电功率是指电流在单位时间内所做的功。电功率用字母 P 表示,即

$$P = \frac{W}{t} = UI = I^2R = \frac{U^2}{R}$$

式中　I——导体中的电流,单位为安(A);

　　　R——导体的电阻,单位为欧(Ω);

　　　U——导体两端的电压,单位为伏(V);

　　　P——电功率,单位为瓦特,简称瓦(W)。

任务实施

1. 课前教师布置任务,回家调查家中照明电器的数量及参数,并了解每度电的价格。
2. 根据所学知识完成家庭照明电费的计算。

任务评价

通过以上学习，根据任务完成情况，填写如表 2-5-1 所示的任务评价表，完成任务评价。

表 2-5-1 任务评价表

班级		学号		姓名		日期	
序号	评价内容				要求	自评	互评
1	有过实际调查				确实有调查		
2	能正确计算结果				计算正确		
教师评语							

任务 6　光伏电池的制作

任务呈现

石油能源危机，迫使人们重新启动和重视新能源与可再生能源的发展。太阳能是人类取之不尽用之不竭的可再生能源，太阳能光伏电池（以下简称光伏电池）可以把太阳的光能直接转化为电能。目前，地面光伏系统大量使用的是以硅为基底的硅光伏电池。目前在城市街道两边的路灯、共享自行车的 GPS 定位中所需的电源都由光伏电池提供。

任务要求：利用多个单体光伏电池片，焊接制作输出 3 V 的直流电源，供光伏电池路灯（LED 灯）照明。

知识准备

一、电池的串联

将两节或两节以上电池正、负极依次相接，使电流只有一条通路的连接方式叫作电池的串联。四节电池串联，如图 2-6-1 所示，形成电池组，其中第一节电池的正极是电池组的正极，最后一节电池的负极是电池组的负极。

图 2-6-1　四节电池串联

电池串联的特点如下。

（1）串联电池组的等效内阻等于各节电池的内阻之和，即

$$r = r_1 + r_2 + \cdots + r_n$$

（2）串联电池组的等效电动势等于各节电池的电动势之和，即

$$E = E_1 + E_2 + \cdots + E_n$$

（3）电池串联时流过每节电池的电流都相等，并等于电池组供给的总电流 I，即

$$I = I_1 = I_2 = \cdots = I_n$$

二、电池的并联

将两节或两节以上具有相同电动势和内阻的电池，正极与正极接在一起、负极与负极接在一起的连接方式叫作电池的并联。四节电池并联的电池组如图 2-6-2 所示，其中四节电池的正极相连构成电池组的正极，负极相连构成电池组的负极。

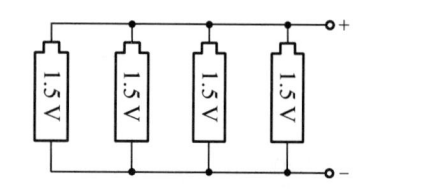

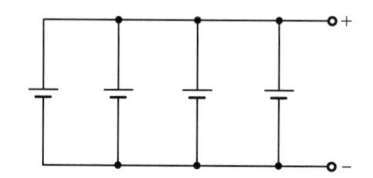

图 2-6-2　四节电池并联

电池并联的特点如下。

（1）并联电池组的等效电动势等于各节电池的电动势，即

$$E = E_1 = E_2 = \cdots = E_n$$

（2）并联电池组的等效内阻等于每节电池内阻的 $1/n$ 倍，即

$$r = \frac{1}{n} r_i$$

式中　r——并联后的总内阻；

　　　r_i——每节电池内阻。

（3）并联电池组的额定电流等于各电池的额定电流之和，即

$$I = I_1 + I_2 + \cdots + I_n$$

当单节电池的电动势和额定电流都不能满足负载的要求时，可以采用电池混联供电。电池混联的连接方法为，先将几节电池串联组成串联电池组，满足负载对电压的要求，再把几组相同的串联电池组并联起来，满足负载对电流的要求，如图 2-6-3 所示。

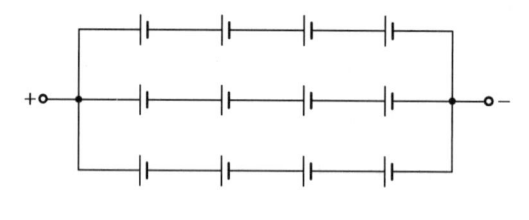

图 2-6-3　电池混联

若图 2-6-3 中每节电池的电动势均为 E，内阻均为 r，则可根据电源串、并联的特点分析并得出以下结论。

电池混联电路的总电动势为

$$E_总 = 4E$$

三、光伏电池

它的工作基础是半导体 PN 结的光生伏特效应。所谓光生伏特效应就是当物体受到光照时，物体内的电荷分布状态发生变化而产生电动势和电流的一种效应。当太阳光或其他光照射半导体的 PN 结时，就会在 PN 结的两边产生电压，叫作光生电压。一块多晶硅电池片在 25℃、AM1.5 的条件下输出的电压大概是 0.6 V。光伏电池路灯如图 2-6-4 所示。

（1）光伏电池的内部结构如图 2-6-5 所示。

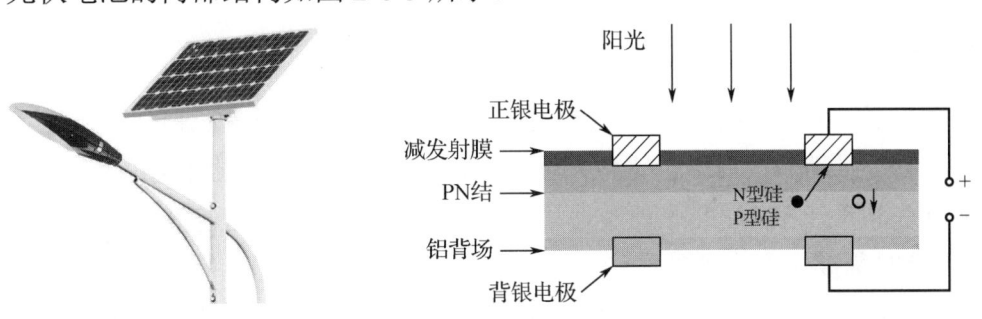

图 2-6-4 光伏电池路灯　　图 2-6-5 光伏电池的内部结构

（2）光伏电池片的外形如图 2-6-6 所示。

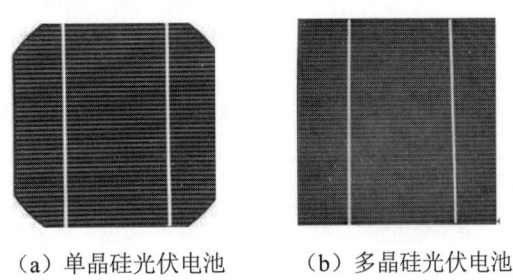

（a）单晶硅光伏电池　　（b）多晶硅光伏电池

图 2-6-6 光伏电池片外形

（3）光伏电池片的焊接方法。

单晶硅片的正、反面都印有焊接位置，可以用适当宽度的镀锡铜带直接焊接。正面为正极，背面为负极。单片焊接是将互连条（带）焊接到电池正面（负极）的主栅线上，或将互连条（带）焊接到电池反面（负极）的背电极上。串联焊接是将 N 张电池片串接在一起形成一个组件串。单片焊接示意图如图 2-6-7 所示，串联焊接示意图如图 2-6-8 所示。

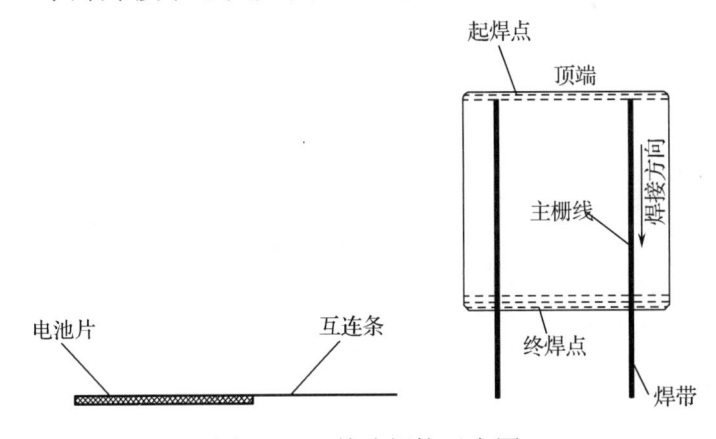

图 2-6-7 单片焊接示意图

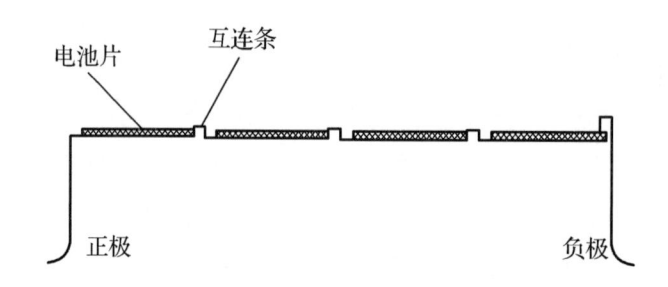

图 2-6-8　串联焊接示意图

任务实施

1. 教师准备实训材料：半成品光伏电池片、LED 灯、电烙铁等。
2. 学生在光照强或太阳光下检测单片光伏电池输出电压，设计电路并画出电路图。
3. 教师先讲解 LED 灯的原理及使用事项，然后演示焊接互连条（电池片十分薄，比较脆弱，焊接时需要十分小心）。
4. 学生根据设计的电路焊接连线，完成后检测并调试电路，使 LED 灯亮。

任务评价

通过以上学习，根据任务完成情况，填写如表 2-6-1 所示的任务评价表，完成任务评价。

表 2-6-1　任务评价表

班级		学号		姓名		日期	
序号	评价内容			要求		自评	互评
1	能认识、了解光伏电池片及 LED 灯			了解			
2	能根据所学设计光伏电池路灯的原理图			设计合理			
3	能按图施工，并调试成功			LED 灯亮			
教师评语							

任务 7　电容式触屏台灯

任务呈现

日常生活中电能要能方便储备，因此电能储备是一个必须要解决的问题。电容器简称电容，就是储备电能的元件之一，也是构成电路的基本元件之一，它的应用非常广泛。例如，在电力系统中，利用电容器调节电压，改善功率因数；在电子电路中用电容器隔直、滤波、耦合、调谐等；在机械加工工艺中，利用电容器可以进行电火花加工；在现代交通中，电容作为能源储备的元件。

任务要求：完成查找电容式触屏台灯的相关资料，了解电容的应用。通过下列实验深刻理解电容的原理及特点。

知识准备

一、电容器

任何两个彼此绝缘又互相靠近的导体都可构成电容器。组成电容器的两个导体称为极板，中间的绝缘物质称为绝缘介质，常见的绝缘介质有空气、云母、纸、油等。平行板电容器由中间隔有绝缘介质的两块正对的金属导体组成，如图 2-7-1 所示。

二、电容量

电容器最基本的特性是储存电荷。电容器的结构示意图如图 2-7-2 所示。如果把电容器的两个极板分别连接到直流电源的正、负极，两个极板上就分别带有正、负电荷。实验证明，电容器的两极板上总是带等量的异种电荷，且极板间电压越高，电容器储存的电量就越多。

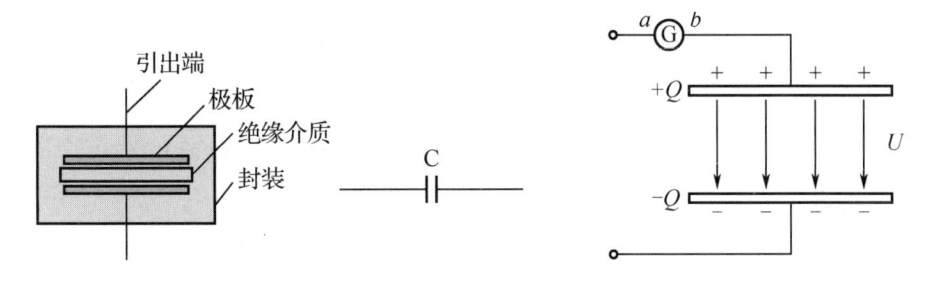

图 2-7-1 平行板电容器　　图 2-7-2 电容器的结构示意图

对于结构已定的电容器，任一极板储存的电量与极板间电压的比值是一个常数，这个比值叫作电容器的电容量，简称电容，用 C 表示。

$$C = \frac{Q}{U}$$

式中　Q——任一极板上的电荷量，单位为库仑（C）；

U——两极板间的电压，单位为伏（V）；

C——电容量，单位为法拉，简称法（F）。

电容量是电容器的固有特性，其大小由电容器的结构决定，与外界因素无关。实验证明，平行板电容器的电容量与两极板的正对面积 S 成正比，与两极板间的距离 d 成反比，还与极板间绝缘介质的性质有关，即

$$C = \varepsilon \frac{S}{d}$$

式中　S——两极板的正对面积，单位为平方米（m^2）

d——两极板间的距离，单位为米（m）；

ε——绝缘介质的介电常数，单位为法/每米（F/m）

C——电容量，单位为法（F）。

ε 的大小由绝缘介质的性质决定。实验测得真空中的介电常数 $\varepsilon_0 = 8.85 \times 10^{-12}$ F/m。某绝缘介质的介电常数 ε 与 ε_0 的比值称为该绝缘介质的相对介电常数,用 ε_r 表示,即 $\varepsilon_r = \varepsilon/\varepsilon_0$。它的物理意义是在原为真空的两极板间插入某绝缘介质后电容量增大的倍数。表 2-7-1 所示为常用绝缘介质的相对介电常数。

表 2-7-1　常用绝缘介质的相对介电常数

绝缘介质名称	ε_r	绝缘介质名称	ε_r
空气	1	聚苯乙烯	2.2
云母	7.0	三氧化二铝	8.5
石英	4.2	酒精	35
电容纸	4.3	纯水	80
超高频瓷	7.0～8.5	氧化铍	9
变压器油	2.2	钛酸钡陶瓷	$10^3 \sim 10^4$

三、电容器的种类

电容器按结构可分为固定电容器、可变电容器和微调电容器三类;按绝缘介质材料可分为有机介质电容器、无机介质电容器、电解电容器和气体介质电容器等;按用途可分为高频电容器、低频电容器、耦合电容器、旁路电容器、滤波电容器、调谐电容器等。

1．固定电容器

电容量不可以调节的电容器叫作固定电容器,如图 2-7-3 所示。固定电容器按其绝缘介质材料分类,可分为纸质电容器、云母电容器、陶瓷电容器、薄膜电容器、电解电容器等。

2．可变电容器

电容量在较大范围内能随意调节的电容器叫作可变电容器,如图 2-7-4 所示。它由一组定片和一组动片组成,它的容量随着动片的转动可以连续改变。

3．微调电容器

电容量在某一个范围内可以调整的电容器叫作微调电容器,又称为半可变电容器,如图 2-7-5 所示。它的绝缘介质有陶瓷、云母、薄膜等。它是由中间夹着绝缘介质的两片或两组小型金属弹片制成的,通过改变两片之间的距离或者正对面积来调节电容量。

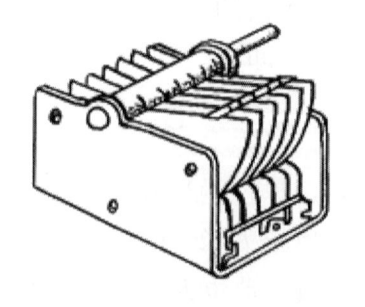

图 2-7-3　固定电容器　　　　图 2-7-4　可变电容器　　　　图 2-7-5　微调电容器

4．主要性能指标

1）电容器的标称容量与允许误差

大部分电容器的电容量都直接标在电容器的外壳上,所标明的电容值称为标称容量。标称容量一般与实际电容量有误差。国家标准规定的标称容量与实际容量之间的误差的允许范围称为允许误差。

2）电容器的额定工作电压

电容器能在电路中长期可靠地工作而不被击穿的最大直流电压值称为额定工作电压,简称额定电压。人们习惯上称它为"耐压"。电容器在工作时,其两端所加电压的最大值不得超过额定工作电压,否则,介质的绝缘性能将遭到破坏,导致电容器被击穿。

5．选用原则

（1）先考虑电容量、额定工作电压和允许误差等指标是否满足电路的要求,既不能过高,又不能过低。过高则造成浪费,过低则达不到电路要求,而且很不安全。

（2）考虑电路的要求和使用环境。在谐振回路中,应选择稳定性高、介质损耗小的云母电容器或陶瓷介质电容器等；在电力系统中,用以改善系统的功率因数时,应该选择额定工作电压高、容量大的电容器；在电源滤波电路中,应选用大容量的电解电容器。

（3）考虑电容器的装配形式和体积等因素。

（4）电容器的型号也是选用电容器的重要依据之一。

国产电容器的型号一般由四部分组成（不适用于压敏、可变、真空电容器）,依次代表名称、介质材料、分类和序号。第一部分是名称,用字母表示,电容器用C表示；第二部分是介质材料,用字母表示；第三部分是分类,一般用数字表示,个别用字母表示；第四部分是序号,用数字表示,如图 2-7-6 所示。字母表示的电容器介质材料如表 2-7-2 所示。数字表示的电容器的分类如表 2-7-3 所示。

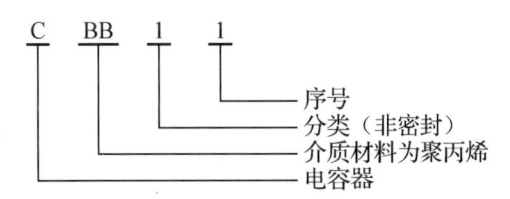

```
C  BB  1  1
│   │   │  │
│   │   │  └─ 序号
│   │   └──── 分类（非密封）
│   └──────── 介质材料为聚丙烯
└──────────── 电容器
```

图 2-7-6　电容器的型号

表 2-7-2　字母表示的电容器介质材料

字　母	电容器介质材料	字　母	电容器介质材料
A	钽电解	L	涤纶
B	聚苯乙烯等非极性薄膜	N	铌电解
C	瓷介	O	玻璃膜
D	铝电解	Q	漆膜
E	其他材料	T	钛
F	聚四氟乙烯	VX	云母纸

续表

字　　母	电容器介质材料	字　　母	电容器介质材料
G	合金电解	Y	云母
H	纸膜复合	Z	纸介
I	玻璃釉		
J	金属化纸介		

表 2-7-3　数字表示的电容器的分类

数　　字	瓷介电容器	云母电容器	有机电容器	电解电容器
1	圆形	非密封	非密封	箔式
2	管形	非密封	非密封	箔式
3	叠片	密封	密封	烧结分非固体
4	独石	密封	密封	烧结分非固体
5	穿心	—	穿心	—
6	支柱	—	—	—
7	—	—	—	无极性
8	高压	高压	高压	—
9	—	—	特殊	特殊

四、电容器的特性

1. 电容器的特点

1）储能元件

当电容器两端电压增加时，电容器便从外界吸收能量储存在它的电场中，当电容器两端电压降低时，它便把原来储存的电场能量释放出来。电场能量和其他能量一样，只能逐渐积累或逐渐释放，不能产生突变，即电容器两端的电压不能突变。

2）"隔直通交"

电容器只是在接通直流电源的瞬间进行充电，由于直流电源电压恒定不变，充电后的电容器两端电压也恒定不变，因此电容器中不会再有电流通过，这相当于电容器把直流电流隔断，即电容器的"隔直"作用。当电容器接通交流电源时，由于交流电的大小和方向在不断地交替变化，使电容器正反向反复进行充、放电，在电路中会出现连续的交流电流，这就是电容器的"通交"作用。电容器的充放电电路如图 2-7-7 所示。

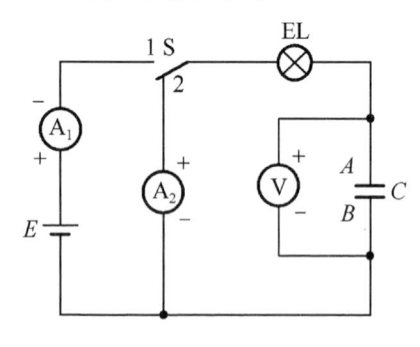

图 2-7-7　电容器的充放电电路

2. 电容器的充放电过程

1）充电过程

当开关置于位置"1"时，电容器两极板与电源的正、负极相连，电容器开始充电，灯泡发光，并且由亮逐渐变暗。我们从中可以发现，电流表 A_1 的读数由大变小，电压表 V 的读数由小变大，经过一定时间，电流表 A_1 读数为零，灯泡熄灭，即电路中已无电流，而电压表 V 的读数等于电源电压值。为什么电容器在充电过程中，电流和电容器两端的电压都在变化呢？这是因为充电时，在直流电压作用下，电源正极向电容器 A 极板供给正电荷，电源负极向电容器 B 极板供给负电荷，于是电荷在电路中定向移动，形成电流，即充电电流。由于开关 S 与位置"1"接通的瞬间，电源正极与电容器 A 极板之间存在较大的电位差，所以开始时充电量大，灯泡较亮。随着充电过程的进行，电容器极板上的电荷不断聚积而使电容器两端的电压 U_C 不断上升，两者的电位差逐渐减小，充电电流也就越来越小。当电容器两端的电压 U_C 等于电源电压时，两者电位差等于零，充电电流等于零，充电过程结束，这个过程是非常短暂的。

2）放电过程

将开关 S 由位置"1"合向位置"2"时，电容器便开始放电。电容器 A 极板的正电荷与 B 极板的负电荷不断中和。此时，通过电流表 A_2 可以看出电路中有电流流过，而且由大到小变化，灯泡由亮变暗，最后熄灭。通过电压表 V 我们可以观察到，电容器两端的电压 U_C 逐渐下降，经过一段时间后下降到零，此时放电过程结束，这个过程是非常短暂的。

五、电容器的串并联

1. 串联

将几个电容器的极板依次首尾相连、中间无分支的连接方式，叫作电容器的串联，如图 2-7-8 所示。

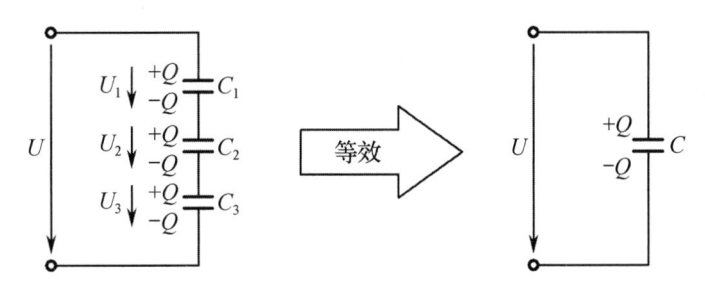

图 2-7-8 电容器的串联

其特点如下。

（1）串联电容器时，每个电容器所带电量都是 Q，串联电容器组的总电量也是 Q，即

$$Q = Q_1 = Q_2 = Q_3 = \cdots = Q_n$$

（2）串联电容器的总电压 U 等于各电容器端电压之和，即

$$U = U_1 + U_2 + U_3 + \cdots + U_n$$

（3）串联电容器时，电容器实际分配的电压与其电容量成反比。如果只有两个电容器，根据上述原理，那么每个电容器上分配的电压为

$$U_1 = \frac{C_2}{C_1+C_2}U$$

$$U_2 = \frac{C_1}{C_1+C_2}U$$

（4）串联电容器的等效电容量（总电容）的倒数等于各电容器的电容量的倒数之和，即

$$\frac{1}{C} = \frac{1}{C_1} + \frac{1}{C_2} + \frac{1}{C_3} \cdots + \frac{1}{C_n}$$

当两个电容器串联时，其等效电容量为

$$C = \frac{C_1C_2}{C_1+C_2}$$

2．并联

将几个电容器的一个极板连接在一起，另一个极板也连接在一起的连接方式，称为电容器的并联，如图 2-7-9 所示。

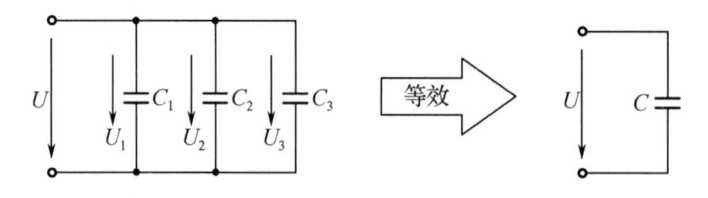

图 2-7-9　电容器的并联

其特点如下。

（1）并联电容器时总电荷量等于每个电容器上电荷量之和，即

$$Q = Q_1 + Q_2 + Q_3 + \cdots + Q_n$$

（2）并联电容器两端承受的电压都相等，且都等于电源电压，即

$$U = U_1 = U_2 = U_3 = \cdots = U_n$$

（3）并联后的等效电容量 C 等于各个电容器的电容量之和，即

$$C = C_1 + C_2 + C_3 + \cdots + C_n$$

任务实施

1．要求学生查找电容式触摸台灯中相关电容电路的资料，能简单讲述触屏台灯中电容的作用。

2．按如图 2-7-7 所示电容器的充放电原理图连接电路，当开关 S 置于位置"1"或"2"时，观察灯泡的亮、暗、灭的变化情况，并应用电容器充放电的原理进行解释。

任务评价

通过以上学习，根据任务完成情况，填写如表 2-7-4 所示的任务评价表，完成任务评价。

表 2-7-4 任务评价表

班级		学号		姓名		日期	
序号	评价内容			要求		自评	互评
1	能列举出电容的应用			有照片证明			
2	能按图正确接线			实验成功			
3	能解释实验现象			正确解释			
教师评语							

任务8　简易电磁炉

任务呈现

在电子设备中，许多电路都有电感。电感元件是基本电子元件之一，在电路中主要起到滤波、振荡、延迟、陷波等作用，以及筛选信号、过滤噪声、稳定电流和抑制电磁波干扰等作用。例如，滤波作用是利用不同电感值其频率特性不同的特点，可以在系统中滤出不同谐波。极端情况是可以用大电感（大线圈）制成阻波器，起到隔交流通直流的作用。又如，补偿作用是在电力系统的输电网中，架空输电线路的导线与导线之间、导线与大地之间有电位差，且被绝缘介质隔开，故其间必存在电容。电容值积累过多，会使用户供电电压质量下降，严重的会破坏绝缘介质，烧毁用电设备。我们可以利用电感与电容特性刚好相反的特点，在电网中适当加装电抗器（电感）对其进行补偿。

任务要求：通过互联网查找电磁炉工作原理的相关资料，列举电感在电子设备中的应用实例。通过观看教师制作简易电磁炉加热螺钉，从而理解电磁感应及电感的相关参数的意义。

知识准备

一、磁体与磁极

某些物体能够吸引铁、钴、镍等金属或者它们的合金的性质称为磁性。具有磁性的物体称为磁体，如图 2-8-1 所示。磁体分为天然磁体和人造磁体两大类。常见的人造磁体有条形、U 形和针形等。

图 2-8-1　磁体

二、磁场与磁力线

磁体两端磁性最强的区域叫作磁极。任何磁体都有两个磁极，而且无论将磁体怎么分割，它总保持两个异性磁极，即南极（S）和北极（N）。与电荷间的相互作用力相似，当两个磁极靠近时，它们之间也会产生相互作用的力：同名磁极相互排斥，异名磁极相互吸引。磁极间的相互作用力叫作磁力。为了形象地描述磁场的特点，我们引入了磁力线，磁力线也叫磁感线。磁力线具有以下几个特征。

（1）磁力线是互不交叉的闭合曲线。在磁体外部由 N 极指向 S 极，在磁体内部由 S 极指向 N 极，如图 2-8-2 所示。

（2）磁力线上任意一点的切线方向，就是该点的磁场方向，即小磁针在该点静止时的 N 极指向，如图 2-8-3 所示。

（3）磁力线疏密程度反映了磁场的强弱。磁力线越密集，表示磁场越强；磁力线越稀疏，表示磁场越弱。

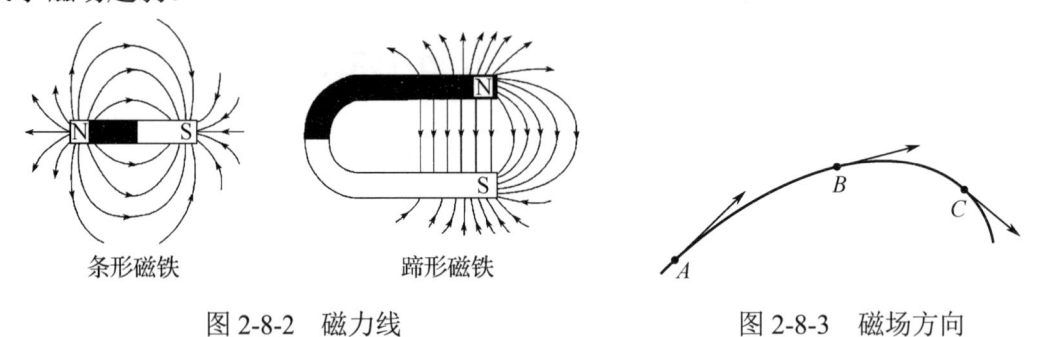

图 2-8-2　磁力线

图 2-8-3　磁场方向

三、电流产生的磁场

磁铁并不是产生磁场的唯一物质。把小磁针放在通电导线周围，磁针会发生偏转。这一实验现象表明，电流能够产生磁场，这种现象称为电流的磁效应。

1. 通电直导体产生的磁场

通电直导体周围磁场的磁力线是一系列以导体为圆心的同心圆，并且在与导体垂直的平面上。其方向可以用右手螺旋定则来判定，如图 2-8-4（a）所示。

实验证明：通电直导体周围磁场的强弱与电流强度有关，电流越大，磁场越强。空间某一点磁场强弱与距离通电导体的远近有关，距离导体越近，磁场就越强。

2. 通电螺线管产生的磁场

把导线一圈圈紧密绕制在空心圆筒上，制成螺线管，在通电后，由于每匝线圈产生的磁场相互叠加，因此在内部能产生较强的磁场。通电螺线管产生的磁场与条形磁铁的磁场相似，一端为 N 极，另一端为 S 极。其磁力线的方向也可以用右手螺旋定则来确定，如图 2-8-4（b）所示。

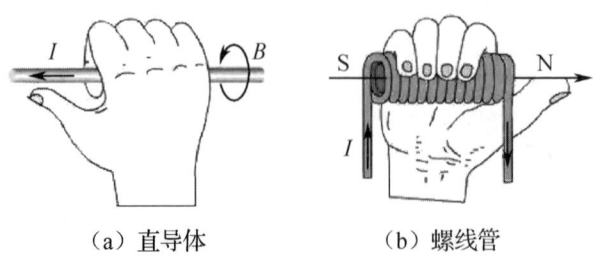

（a）直导体　　（b）螺线管

图 2-8-4　右手螺旋定则

3. 磁场的基本物理量

1）磁通

垂直通过磁场中某一面积的磁力线的总数，叫作通过该面积的磁通量，简称磁通，用字母 Φ 表示，单位是韦伯，简称韦（Wb）。通过该面积的磁通越大，磁场就越强。

2）磁感应强度

垂直通过单位面积上磁力线的多少，叫作该点的磁感应强度。磁感应强度是一个矢量，用字母 B 表示，单位为特斯拉，简称特（T）。

3）磁导率

为了描述不同物质的导磁能力，引入了磁导率这个物理量。磁导率的大小反映了物质导磁能力的强弱，用字母 μ 来表示，它的单位是亨/米（H/m）。真空中的磁导率为 $\mu_0 = 4\times 10^{-7}$（H/m）。为了比较各种物质的导磁性能，把任一物质的磁导率 μ 与真空中磁导率 μ_0 的比值称为相对磁导率，用 μ_r 表示，即

$$\mu_r = \frac{\mu}{\mu_0}$$

根据相对磁导率的大小，可把物质分为以下三类。

（1）顺磁性物质：如空气、铝、锡、钨等，它们的相对磁导率约等于 1.000005。

（2）反磁性物质：如氢、铜、金、银、石墨等，它们的相对磁导率约等于 0.999995。

顺磁性物质与反磁性物质的相对磁导率近似等于 1，称之为非铁磁性材料。

（3）铁磁性物质：如铁、钴、镍等，它们的相对磁导率为几百至几千，且不是一个常数。常用铁磁性物质的相对磁导率如表 2-8-1 所示。

表 2-8-1 常用铁磁性物质的相对磁导率

材　料	相对磁导率	材　料	相对磁导率
钴	174	未经退火的铁	7000
未经退火的铸铁	240	硅钢片	7500
已经退火的铸铁	620	电解铁	12950
镍	1120	镍铁合金	60000
软钢	2180	C 型坡莫合金	115000

4）磁场强度

磁场中某点磁场强度的大小，等于该点磁感应强度与介质磁导率的比值，用符号 H 表示，即

$$H = \frac{B}{\mu}$$

式中　B——磁感应强度，单位为特（T）；

μ——介质的磁导率，单位为亨/米（H/m）；

H——磁场强度，单位为安/米（A/m）。

磁场强度也是一个矢量，它的方向与该点的磁感应强度方向一致。对于如图 2-8-5 所

示的通电螺线管，若其匝数为 N，通入电流为 I，则其产生的磁场强度为

$$H = \frac{NI}{I}$$

即磁场强度只与线圈中的电流及线圈的几何尺寸有关，而与介质的磁导率无关，这给工程的计算带来很大的便利。

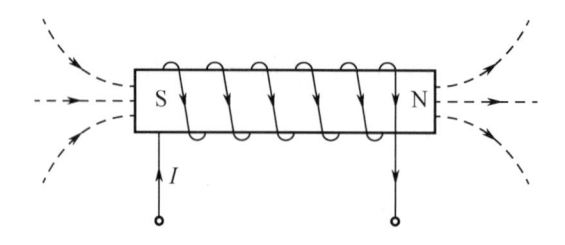

图 2-8-5　通电螺线管

四、电感

电感是闭合回路的一种属性。当线圈通过电流后，在线圈中形成感应磁场，而感应磁场又会产生感应电流来抵制通过线圈中的电流。这种电流与线圈的相互作用关系称为电的感抗，也就是电感，单位是亨利（H）。它是用绝缘导线（如漆包线、纱包线等）绕制而成的电磁感应元件，也是电子电路中常用的元器件之一。电感是用漆包线、纱包线或塑皮线等在绝缘骨架或磁芯、铁芯上绕制成的一组串联的同轴线匝，它在电路中用字母 L 表示。电感的应用如图 2-8-6 所示。

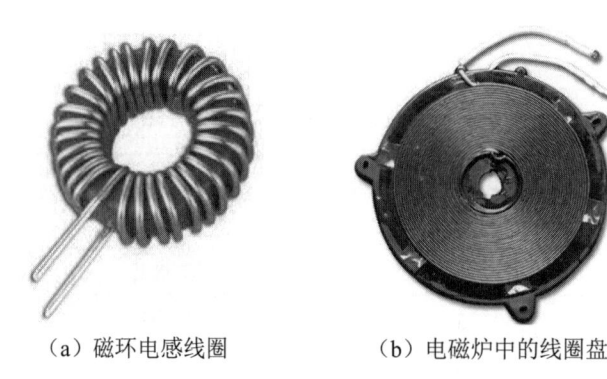

（a）磁环电感线圈　　（b）电磁炉中的线圈盘

图 2-8-6　电感的应用

五、自感

由流过线圈本身的电流发生变化而产生感应电动势的现象叫作自感应现象，简称自感。由自感现象产生的电动势称为自感电动势，用 e_L 表示。由自感电动势产生的感应电流称为自感电流，用 I_L 表示。

1. 自感系数

当电流流过线圈时，线圈中产生磁通，叫自感磁通，用 Φ 表示。N 匝线圈具有的磁通叫作自感磁链，用字母 ψ 表示，则 $\psi = N\Phi$。同一电流流过不同的线圈，产生的自感磁链

不同。为表示各个线圈产生自感磁链的能力，将线圈的自感磁链与电流的比值称为线圈的自感系数，简称电感，用 L 表示，即

$$L = \psi / I$$

式中　ψ——由自身线圈的电流所产生的自感磁链，单位为韦（Wb）；

　　　I——流过线圈的电流，单位为安（A）；

　　　L——线圈的电感量，单位为亨利，简称亨（H）。

2．自感电动势

自感是电磁感应的形式之一。对于一个具有多匝的空心线圈而言，当忽略其绕线电阻时可将它视为一个线性电感，根据电磁感应定律，它的感应电动势 e_L 大小为

$$e_L = -L\frac{dI}{dt}$$

式中　L——线圈中的电感量，单位为亨（H）；

　　　e_L——线圈的自感电动势，单位为伏（V）。

上式表明，线圈的自感电动势与线圈的电感量和电流的变化率的乘积成正比。

电感量反映了线圈产生自感电动势的能力。自感电动势的方向可以根据楞次定律来判定。自感电动势的方向总是和原电流变化的趋势相反。如图 2-8-7（a）所示，原 i 的变化趋势是增大的，自感电动势产生的电流 i_L 就要阻碍原来电流的增大，从而与原电流的方向相反。图 2-8-7（b）中原电流 i 的变化趋势是减小的，自感电动势产生的电流 i_L 就会与原电流的方向相同。自感电流的方向确定以后，就可得出自感电动势的方向。自感电动势 e_L 的极性如图 2-8-7 所示。

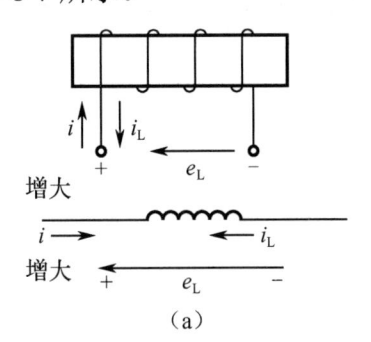

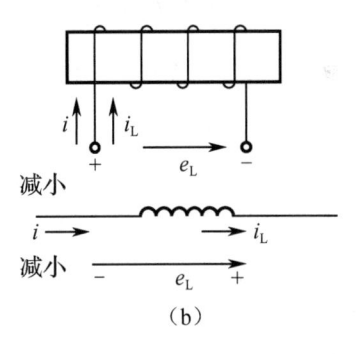

图 2-8-7　自感电动势的极性

3．自感电动势的方向

如果规定自感电动势的参考方向与自感磁通的参考方向一致，则有

$$e_L = -L\frac{\Delta i}{\Delta t}$$

4．自感现象

自感现象在各种电器设备和无线电技术中有着广泛的应用。日光灯的镇流器就是利用线圈自感的一个例子。日光灯主要由灯管、镇流器和启辉器组成。镇流器是一个带铁芯的线圈。启辉器是一个充有氖气的小玻璃泡，里面装有两个电极，一个静触片和一个用双金

属片制成的 U 形触片。灯管内充有稀薄的水银蒸气，当水银蒸气导电时，就发出紫外线，使涂在管壁上的荧光粉发出柔和的光。由于激发水银蒸气导电所需的电压比 220 V 的电源电压高得多，因此日光灯在开始点亮之前需要一个高出电源电压很多的瞬时电压。在日光灯正常发光时，灯管的电阻很小，只允许通过较小的电流，这时又要使加在灯管上的电压大大低于电源电压。这两方面的要求都是利用跟灯管串联的镇流器来达到的。

5．电感线圈中的磁场能量

电感线圈是一个储能元件。经过数学推导，线圈中储存的磁场能量为

$$W_L = \frac{1}{2}LI^2$$

式中　L——线圈中的电感量，单位为亨（H）；

　　　I——流过线圈的电流，单位为安（A）；

　　　W_L——线圈中储存的磁场能量，单位为焦（J）。

当线圈中有电流通过时，线圈就要储存磁场能量，通过线圈的电流越大，储存的能量就越多。在通入相同电流的线圈中，电感量越大，储存的能量就越多，因此线圈的电感量也反映了它储存磁场能量的能力。

6．涡流

当线圈中的电流随时间变化时，就有交变磁通穿过铁芯。由电磁感应定律可知，铁芯内部会产生感应电动势，在此感应电动势作用下又会产生感应电流。这种电流看起来如同水中的漩涡，因此叫作涡电流，简称涡流。涡流对用电设备大多是有害的，但在某些情况下，涡流不但无害，反而大有用处。例如，电能表中的阻尼装置就是利用涡流的制动作用制成的。又如，炼钢厂中的中、高频炼钢炉也是利用涡流来加热炉中的钢材来炼钢的。

任务实施

1．教师让学生调查电感在生产、生活中的应用实例，并通过互联网调查并了解电磁炉的工作原理。

2．教师展示自制简易电磁炉加热螺钉（注意：电磁炉线圈盘用漆包线绕制，加的交流电源用 24 V、3 A 即可）。学生完成实训报告。报告内容包括以下几方面。

（1）列举电感在生活中的应用及在某个电路中的具体作用。

（2）简述电磁炉的工作原理及实验现象。

（3）应用万用表检测电磁炉的电感、电阻等参数。

任务评价

通过以上学习，根据任务完成情况，填写如表 2-8-2 所示的任务评价表，完成任务评价。

表 2-8-2 任务评价表

班级		学号		姓名		日期	
序号		评价内容			要求	自评	互评
1		能列举电感在生活中的应用			能举例应用		
2		能说出电磁炉的工作原理			正确描述		
3		能解释实验现象			正确解释		
4		测量出相关参数			测量正确		
教师评语							

练习题

1. 一个由三个电阻串联构成的分压电路（见图 2-8-8），已知 $U_{ad} = 25$ V，$U_{bc} = 5$ V，$R_1 = 10$ kΩ，$R_3 = 2$ kΩ，求电阻 R_2 的阻值为多少？

2. 在如图 2-8-9 所示的电路图中，已知 $R_1 = R_2 = R_3 = R_4 = 30$ Ω，$R_5 = 60$ Ω，求 ab 两点间的等效电阻值 R_{ab}？

图 2-8-8 三个电阻串联的分压电路图

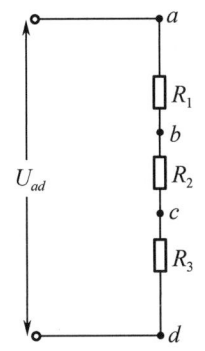

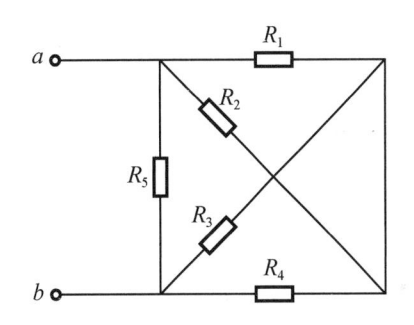

图 2-8-9 电路图

3. 某用户装有 220 V、40 W 和 220 V、25 W 白炽灯各 3 盏，若正常供电，每天用电 3 小时，一个月（30 天）该用户消耗电能为多少度？若每度电按 0.2 元收费，一个月应交多少元？

4. 有一电池组由三个电池串联而成，三个电池的电动势分别为 $E_1 = 1.5$ V，$E_2 = 1.3$ V，$E_3 = 1.2$ V，内阻 $R_1 = 0.2$ Ω，$R_2 = 0.3$ Ω，$R_3 = 0.1$ Ω。若把电池组接在电阻 $R = 5$ Ω 的电路上，试求电路中的电流。

5. 有五个电动势和内阻均相等的电池，并联成电池组，已知电池组的内阻压降为 0.06 V，端电压为 1.4 V，负载电阻 $R = 2.4$ Ω，试求每个电池的电动势和内阻。

阅读材料

材料的分类

世界上各种材料的导电性能有很大的差别。在电工技术中，各种材料按照它们的导电能力强弱一般可分为导体、绝缘体、半导体和超导体。

（1）导体。导电能力强的材料称为导体。电阻率一般都在 10 Ω·m 左右，如铜、铅、锡等金属。

（2）绝缘体。导电性能很差的材料称为绝缘体。电阻率一般在 10～10 Ω·m 之间，如橡胶、玻璃、陶瓷、变压器油等。

（3）半导体。这类材料的导电性能介于导体和绝缘体之间。电阻率一般在 10～10 Ω·m 之间，如硅、锗等。半导体材料具有的特殊性质，使其在近代电子技术中得到了广泛应用。

（4）超导体。某些物质的电阻值随温度的下降而逐渐减少，当温度降低到接近绝对零摄氏度的时候其电阻值突然消失，这种现象称为超导现象，而具有这种特性的材料称为超导体。如果把超导体放在磁场中冷却，那么在电阻突然消失的同时，穿过超导体内部的磁力线也会突然消失。换句话说，磁力线在此刻不能穿过超导体，这就是超导体的抗磁特性。超导体排斥磁场，这使小的永久磁铁能够漂浮在大块的高温超导体上。

超导体零电阻特性和抗磁特性的发现，点燃了人类利用超导体来改变生产、生活条件的热情。科学家经研究认为，超导状态下的零电阻特性最诱人的应用是在发电、输电、储能和电子设备制造等方面；抗磁特性主要应用于磁悬浮运载工具和热核聚变反应堆等领域。

项目三 交流电路

项目描述

交流电具有容易产生、传送和使用的优点，因此我们广泛采用交流电。例如，远距离输电可利用变压器把电压升高，减小输电线中的电流来降低损耗，获得经济的输电效益。在用电场合，可通过变压器降低电压，保证用电安全。交流电可以较方便地转变为直流电。此外，交流电动机与直流电动机相比，具有结构简单、成本低廉、工作安全可靠、使用维护方便等优点，所以交流电在国民经济各部门获得广泛使用。本项目讲述低压供电系统的构成、单相与三相交流电的产生和特点。

任务1 电梯机房配电系统的认识

任务呈现

日常生活中，所有电器都离不开电力，那么电从哪里来呢？它是从电网中引出来的，那么电网的电又从哪里来呢？这一切都离不开供电系统。供电系统就是由电源系统和输配电系统组成的，是可以产生电能并供应和输送给用电设备的系统。工业与日常生活中接触的大部分都是低压供电系统，因此我们有必要了解和掌握低压供电系统。

任务要求：参观学校配电室及电梯机房，简述从配电室到电梯机房的低压供电系统的基本组成，简单画出从配电室到电梯机房的低压供电系统图，并依据图纸辨别电梯机房中供电线路的线制及接地系统。

知识准备

一、电力系统

所谓电力系统是指由发电厂、输电网、配电网和电力用户组成的整体，是将一次能源转换成电能并输送和分配到用户的统一系统。输电网和配电网统称为电网，是电力系统的重要组成部分。发电厂将一次能源转换成电能，经过电网将电能输送和分配到电力用户的用电设备，从而完成电能从生产到使用的整个过程。电力系统还包括保证其安全、可靠运行的继电保护装置、安全自动装置、调度自动化系统和电力通信等相应的辅助系统（一般称为二次系统）。电力系统供配电图如图 3-1-1 所示。

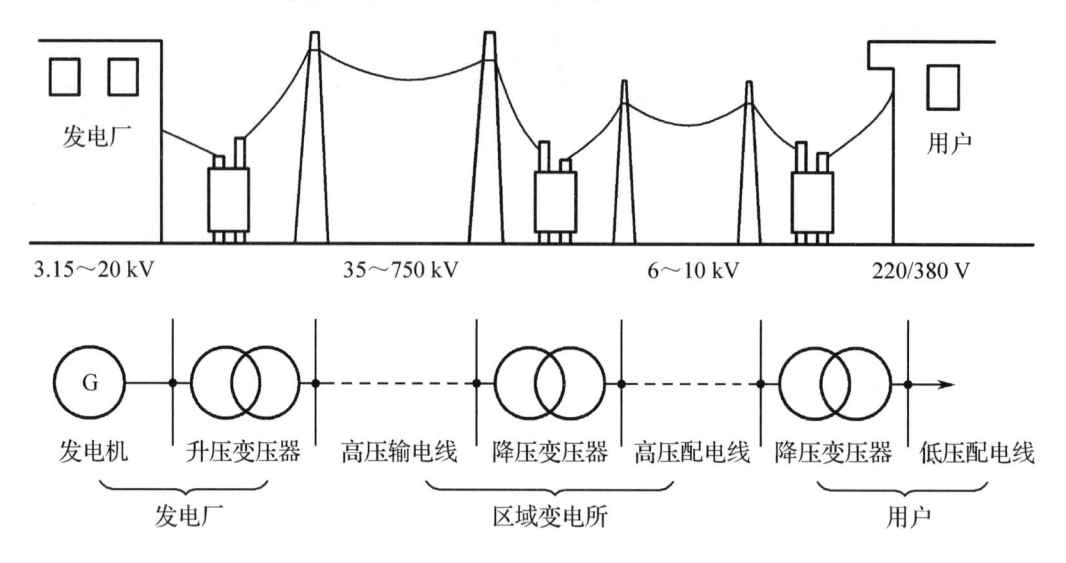

图 3-1-1　电力系统供配电图

我国的电力系统采用的是 50 Hz、三相交流供电系统，电力自发电机生产出来之后，先经过升压变压器升压至 500 kV 或 220 kV 进行远距离输送，送达目的地的变电站后降压为 110 kV 或 35 kV，然后输送至各个小变电所，再由小变电所将电压降为 10 kV，接着将电压为 10 kV 的电力送至用户处，最后将电压降为 220/380 V 供用户使用，而对于用电大户直接进行 10 kV 或 35 kV 供电，由用户根据自身需要进行变压。供电系统就是由电源系统和输配电系统组成的产生电能并供应和输送给用电设备的系统。

二、供配电系统

供配电系统是电力系统的电能用户，也是电力系统的重要组成部分。它由总降压变电所、高压配电所、配电线路、车间变电所或建筑物变电所和用电设备组成。供配电系统结构示意图如图 3-1-2 所示。

总降压变电所是用户电能供应的枢纽。它将 35～220 kV 的外部供电电源电压降为 6～10 kV 的高压配电电压，供给高压配电所、车间变电所或建筑物变电所和高压用电设备。

高压配电所先集中接受 6～10 kV 的电压，再分配到附近各车间变电所或建筑物变电所和高压用电设备。一般负荷分散、厂区大的大型企业设置高压配电所。

配电线路分为 6～10 kV 高压配电线路和 220/380 V 低压配电线路。高压配电线路将总降压变电所与高压配电所、车间变电所或建筑物变电所和高压用电设备连接起来。低压配电线路将车间变电所的 220/380 V 电压输送给各低压用电设备。

车间变电所或建筑物变电所将 6～10 kV 电压降为 220/380 V 电压，供低压用电设备使用。

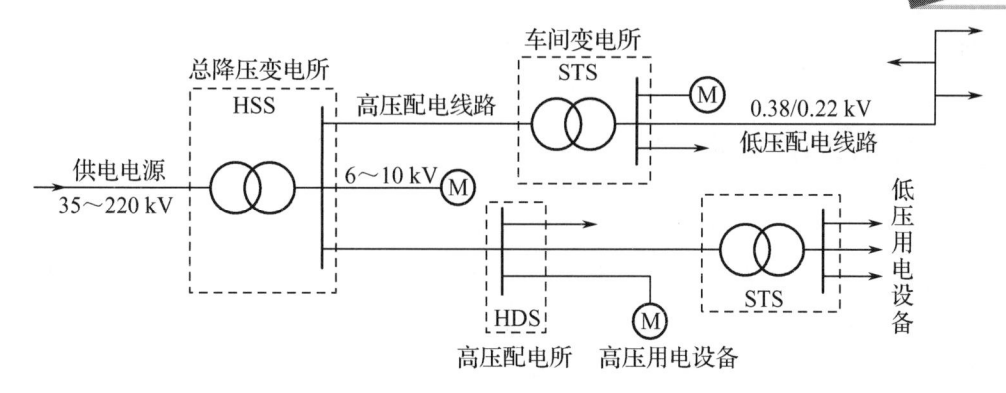

图 3-1-2　供配电系统结构示意图

三、专业术语

（1）相线，又叫火线，表示符号为 L1、L2、L3 三相，如图 3-1-3 所示。

（2）中性线，又叫零线，表示符号为 N，如图 3-1-3 所示。理论情况下（L1、L2、L3 三相完全平衡），零线的电压为零。

（3）地线。其作用是当 L1、L2、L3 不平衡时，为防止零线产生电压，通过接地将零线上的电接入大地，这样可保证零线的电压为零。

（4）地线插头。三个脚中较长的脚是接地的，可称为接地脚，另外两个较短的脚把家用电器接入电路，可称它们为导电脚。在设计电源插头时，考虑到使用者的安全，有意识地将

图 3-1-3　三相五线

接地脚设计得比导电脚长几毫米。这是因为在插入三线插头时，接地脚先接触插座内的接地线，这样可先形成接地保护，后接通电源；反之，在拔出三线插头时，导电脚先与电源插座内的导电端分开，接地脚后断开。如果家用电器的金属外壳由于绝缘体损坏等而带电，这时接地脚就会形成接地短路电流，使家用电器的金属外壳接地而对地放电，防止人触电，起到安全保护的作用。

（5）三相四线制。在低压配电网中，输电线路一般采用三相四线制，其中三条线路分别代表 L1、L2、L3 三相，另一条是中性线 N（如果该回路电源侧的中性点接地，那么中性线也称为零线；如果不接地，那么从严格意义上来说，中性线不能称为零线）。在进入用户的单相输电线路中有两条线，一条称为火线，另一条称为零线。正常情况下，零线要通过电流以构成单相线路中电流的回路。而三相系统中，三相平衡时，中性线（零线）是无电流的，故称三相四线制。在 380 V 低压配电网中，为了从 380 V 线间电压中获得 220 V 相间电压而设中性线，有的场合也可以用来进行零序电流检测，以便进行三相供电平衡的监控。

（6）三相五线制。它包括三相电的三个相线（L1、L2、L3 三相）、中性线（N 线）及地线（PE 线）。三相五线如图 3-1-3 所示。电设备外壳上的电位始终处在"地"电位，从而消除了设备产生危险电压的隐患。标准导线颜色为 L1 线黄色，L2 线绿色，L3 线红色，

N 线淡蓝色，PE 线黄绿色。

四、供电系统的分类

电力供电系统大致可分为 IT 系统、TT 系统、TN 系统三种。

（1）IT 系统是指在电源中性点不接地系统中，将所有设备的外露可导电部分均经各自的保护线 PE 分别直接接地，称之为 IT 供电系统。IT 系统一般为三相三线制。

（2）TT 系统是指在电源中性点直接接地的三相四线系统中，所有设备的外露可导电部分均经各自的保护线 PE 分别直接接地，称之为 TT 供电系统。

（3）TN 系统称作接零保护系统，在该系统中 N 线与 PE 线是分开敷设，并且是相互绝缘的，同时与用电设备外壳相连接的是 PE 线而不是 N 线。当故障使电气设备金属外壳带电时，形成相线和地线短路，回路电阻小，电流大，能使熔丝迅速熔断或保护装置动作切断电源。TN 系统的电力系统有一直接接地点，电气装置的外露可导电部分通过保护导体与该点连接。其中，TN 系统又分为 TN-C 系统、TN-S 系统、TN-C-S 系统三种。

① TN-C 系统中保护线与中性线合并为 PEN 线，具有简单、经济的优点。当发生接地短路故障时，故障电流大，可使电流保护装置动作，切断电源。TN-C 系统如图 3-1-4 所示。

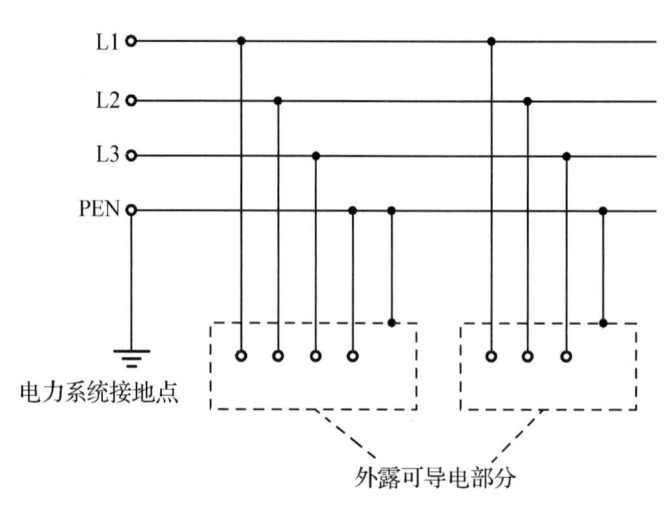

图 3-1-4　TN-C 系统

② TN-S 系统中保护线和中性线分开，系统造价略贵。其除具有 TN-C 系统的优点外，由于正常时 PE 线不通过负荷电流，故与 PE 线相连的电气设备金属外壳在正常运行时不带电，所以适用于数据处理和精密电子仪器设备的供电，也可用于爆炸危险环境中。在民用建筑内部、家用电器等都有单独接地触点的插头。采用 TN-S 供电既方便又安全。TN-S 系统如图 3-1-5 所示。

③ TN-C-S 系统的 PEN 线自 A 点起分开为保护线（PE）和中性线（N）。分开以后，N 线应对地绝缘。为防止 PE 线与 N 线混淆，应分别给 PE 线和 PEN 线涂上黄绿相间的色标，N 线涂以浅蓝色色标。此外，自分开后，PE 线不能再与 N 线合并。TN-C-S 系统如图 3-1-6 所示。

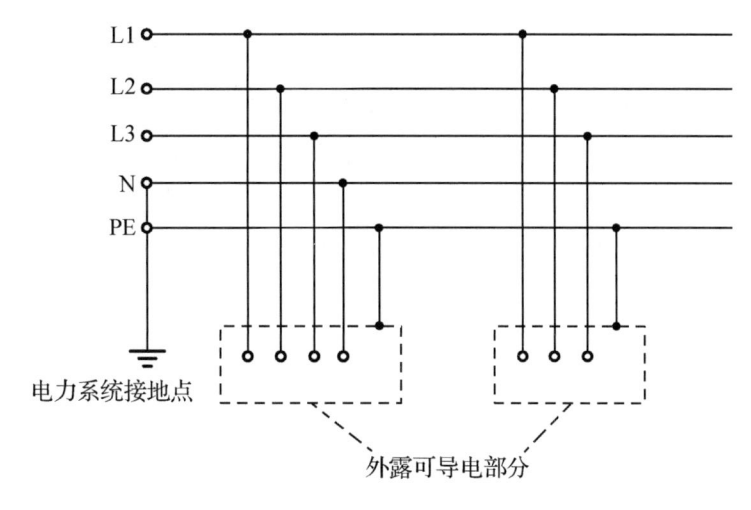

图 3-1-5　TN-S 系统

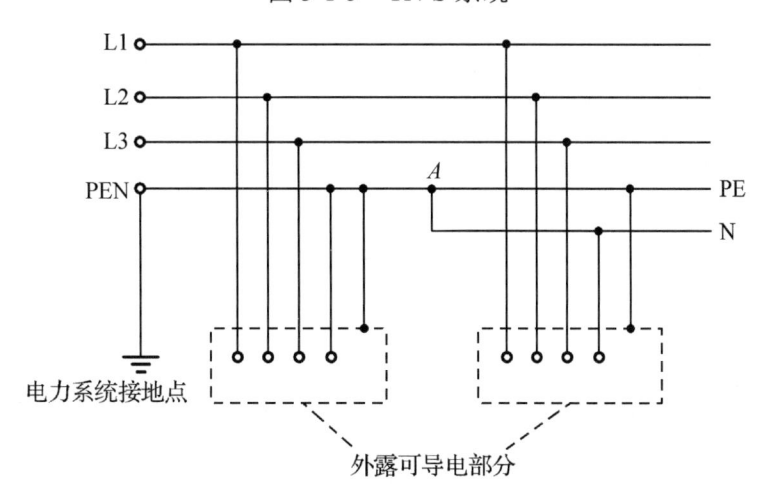

图 3-1-6　TN-C-S 系统

五、接地系统

接地系统是接地网，是对由埋在地下一定深度的多个金属接地极和由导体将这些接地极相互连接组成一网状结构的接地体的总称。它广泛应用在电力、建筑、计算机、通信等众多行业之中，起着安全防护、屏蔽等作用。

系统中提到的接地装置也称接地一体化装置：把电气设备或其他物件和地之间构成电气连接的设备。接地装置由接地极（板）、接地母线（户内、户外）、接地引下线（接地跨接线）、构架接地组成。它被用以实现电气系统与大地相连接的目的。接地极：与大地直接接触以实现电气连接的金属物体。它可以是人工接地极，也可以是自然接地极。

通常我们将接地系统分为工作接地、保护接地、防雷接地。

（1）工作接地：在 TN-C 系统和 TN-C-S 系统中，为使电路或设备达到运行要求的接地，如变压器中性点接地，该接地称为工作接地或配电系统接地。工作接地的作用是保持系统电位的稳定性，即减轻低压系统由高压窜入低压系统所产生过电压的危险性。如果没有工作接地，那么当 10 kV 的高压窜入低压时，低压系统的对地电压上升为 5800 V 左右。

（2）保护接地：这是为防止电气装置的金属外壳、配电装置的构架和线路杆塔等带电，危及人身和设备安全而进行的接地。所谓保护接地就是将正常情况下不带电,而在绝缘材料损坏后或其他情况下可能带电的电器金属部分(即与带电部分相绝缘的金属结构部分)用导线与接地体可靠地连接起来的一种保护接线方式。接地保护一般用于配电变压器中性点不直接接地(三相三线制)的供电系统中,用以保证当电气设备因绝缘损坏而漏电时产生的对地电压不超过安全范围。**注意**:在同一供电系统中采用了保护接地,就不能同时采用保护接零,即同一电网中只能采用同一种接地系统。

(3)防雷接地:为雷电流提供排泄入地的通路,保护设备和人身避免因雷电放电造成的危害。

任务实施

1. 在教师的带领下参观学校配电室、照明电路、电梯机房的供电方式及接地方式。
2. 组织小组讨论,让学生观察并完成实训项目及填写实训报告。
3. 实训报告内容包括以下几方面。
(1)画出配电室的供电系统。
(2)写出配电室和电梯机房的接地系统。
(3)分析实际工作中如果零线和地线混淆,会造成什么后果?

任务评价

通过以上学习,根据任务完成情况,填写如表 3-1-1 所示的任务评价表,完成任务评价。

表 3-1-1 任务评价表

班级		学号		姓名		日期	
序号	评价内容				要求	自评	互评
1	能画出电梯机房配电系统示意图				正确无误		
2	能分辨配电室和电梯机房的接地方式				正确区分		
3	分析事故结果				分析正确		
教师评语							

任务2 电梯机房照明电路参数分析

任务呈现

交流电的发明者是尼古拉·特斯拉。它最基本的形式是正弦电流。但实际上除了正弦曲线,它还有其他的波形,如三角形波、正方形波。生活中使用的市电就是正弦波形的交流电。我国交流电的频率规定为 50 Hz。美国、日本等国家为 60 Hz。交流电能得到广泛的应用是因为交流电可通过变压器很容易地改变电压值,这样便于远距离高压输送电能,从而降低送电成本。

任务要求：通过观察示波器展示照明电路中电源的波形图，使用万用表、钳形表分别检测电梯机房照明电路中的电压值和电流值，完成实训报告。

知识准备

前面所学的直流电的大小和方向均不随时间而改变。图 3-2-1（a）所示为用示波器观察某直流电压的波形图。而在实际生产和生活中，使用最多的是交流电。交流电的大小和方向都是随时间做周期性变化的。凡是随时间按正弦规律变化的交流电都称为正弦交流电。图 3-2-1（b）所示为用示波器观察某正弦交流电压的波形图。

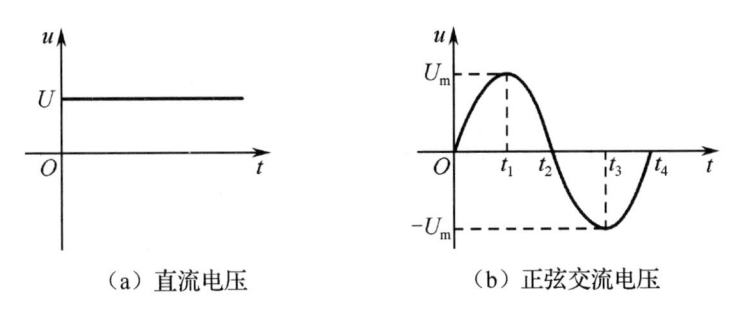

（a）直流电压　　　　（b）正弦交流电压

图 3-2-1　波形图

一、正弦交流电的三要素

1. 各种值

1）瞬时值

正弦交流电在某一时刻的值称为瞬时值，用 e、u、i 表示。

2）最大值

正弦交流电的最大瞬时值称为最大值（也叫峰值或振幅），用 E_m、U_m、I_m 表示。

3）有效值

正弦交流电的大小通常用有效值表示。其有效值根据电流的热效应定义如下：把一个交流电和一个直流电分别通过两个阻值相同的电阻，如果在相等时间（交流电一个周期）内产生的热量相等，就把此直流电的数值称为该正弦交流电的有效值，用 E、U、I 表示。有效值与最大值之间的关系为

$$E = \frac{E_m}{\sqrt{2}} \approx 0.707 E_m, \quad U = \frac{U_m}{\sqrt{2}} \approx 0.707 U_m, \quad I = \frac{I_m}{\sqrt{2}} \approx 0.707 I_m$$

4）平均值

正弦交流电的波形是关于横轴对称的，所以在一个周期内的平均值恒等于零。所谓正弦交流电的平均值是指半个周期内瞬时值的平均值，用 E_P、U_P、I_P 表示。平均值与最大值的关系为

$$E_P = \frac{2}{\pi} E_m, \quad U_P = \frac{2}{\pi} U_m, \quad I_P = \frac{2}{\pi} I_m$$

有效值与平均值的关系为

$$E = \frac{\pi}{2\sqrt{2}} E_P, \quad U = \frac{\pi}{2\sqrt{2}} U_P, \quad I = \frac{\pi}{2\sqrt{2}} I_P$$

2．频率与角频率

1）周期

正弦交流电重复变化一周所用的时间称为周期，用字母 T 来表示。正弦交流电的波形图如图 3-2-2 所示。

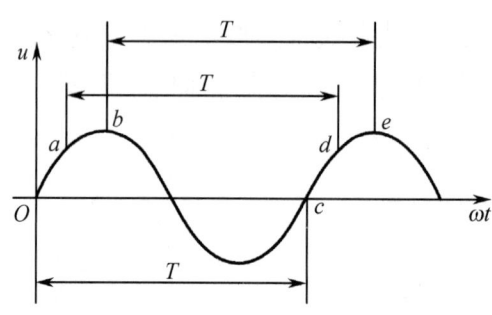

图 3-2-2　正弦交流电的波形图

2）频率

正弦交流电在 1 s 内重复变化的次数称为频率，即 1 s 内所包含的周期数，用 f 来表示，单位是赫兹（Hz），简称赫。

$$f = \frac{1}{T} \quad 或 \quad T = \frac{1}{f}$$

3）角频率

交流电变化的角度叫作电角度。交流电变化一周，其电角度就变化了 360°（即 2π 弧度）。正弦交流电每秒变化的电角度叫作角频率，用 ω 表示，单位是弧度/秒（rad/s）。因此，交流电变化的快慢也可以用角频率来表示。角频率与周期和频率的关系为

$$\omega = \frac{2\pi}{T} = 2\pi f$$

3．相位、初相与相位差

1）相位与初相

正弦量在任意时刻的电角度称为相位，用 $\omega t + \varphi$ 表示，它反映了正弦量的变化进程。$t=0$ 时的相位叫作初相位或初相，用 φ 表示。初相可以为正，也可以为负，一般用弧度表示，也可用角度表示。用角度表示时通常用不大于 180°的角来表示。当 $\varphi > 0$ 时，电压的波形图如图 3-2-3 所示。

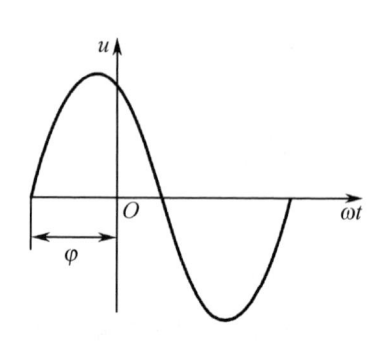

图 3-2-3　电压的波形图

2）相位差

两个同频率正弦交流电的相位之差叫作相位差，用 $\Delta \varphi$ 表示。两个同频率正弦交流电流的瞬时值表达式为

$$i_1 = I_{m1} \sin(\omega t + \varphi_1)$$
$$i_2 = I_{m2} \sin(\omega t + \varphi_2)$$

电流 i_1 与 i_2 的相位差为

$$\Delta\varphi = (\omega t + \varphi_1) - (\omega t + \varphi_2) = \varphi_1 - \varphi_2$$

当 $\Delta\varphi > 0$ 时，称 i_1 的相位超前 i_2 或 i_2 的相位滞后 i_1；当 $\Delta\varphi < 0$ 时，称 i_1 滞后 i_2。

同相如图 3-2-4（a）所示，当 $\varphi_1 = \varphi_2$，即 $\Delta\varphi = 0$ 时，称 i_1 与 i_2 同相。

反相如图 3-2-4（b）所示，当 $\varphi_1 - \varphi_2 = \pm 180°$，即 $\Delta\varphi = \pm 180°$ 时，称 i_1 与 i_2 反相。

正交如图 3-2-4（c）所示，当 $\varphi_1 - \varphi_2 = \pm 90°$，即 $\Delta\varphi = \pm 90°$ 时，称 i_1 与 i_2 正交。

（a）同相　　　　　　（b）反相　　　　　　（c）正交

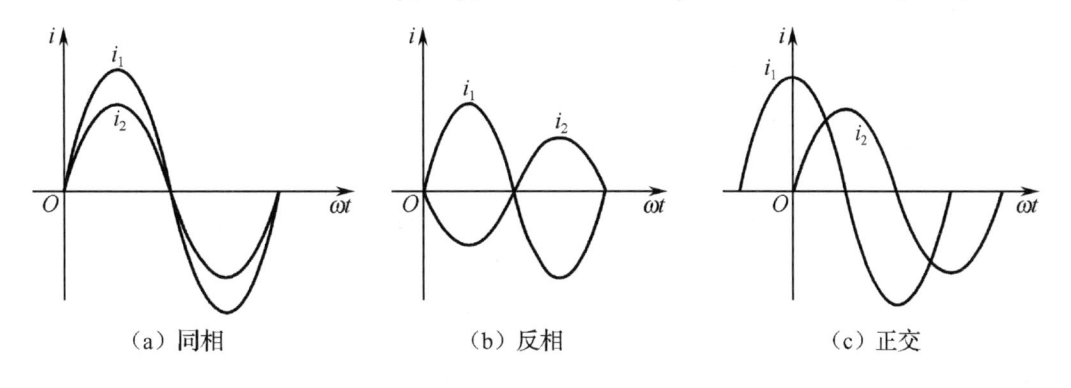

图 3-2-4　相位差

综上所述，正弦交流电的最大值（或有效值）、角频率（或频率）和初相反映了正弦交流电的基本特征，叫作正弦交流电的三要素。

4．表示方法

解析式法就是用三角函数式来表示正弦交流电的方法，即写出瞬时值表达式。它是表示正弦交流电最基本的方法。正弦交流电动势、电压、电流的解析式一般表示为

$$e = E_m \sin(\omega t + \varphi_e) = \sqrt{2} E \sin(\omega t + \varphi_e)$$
$$u = U_m \sin(\omega t + \varphi_u) = \sqrt{2} U \sin(\omega t + \varphi_u)$$
$$i = I_m \sin(\omega t + \varphi_i) = \sqrt{2} I \sin(\omega t + \varphi_i)$$

二、功率

1．瞬时功率

任一时刻电压瞬时值与电流瞬时值的乘积叫作瞬时功率，用 p 表示。电阻的瞬时功率用 p_R 表示，即

$$p_R = u_R i = U_{Rm} I_{Rm} \sin^2(\omega t + \varphi) = \frac{U_{Rm}^2}{R} \sin^2(\omega t + \varphi)$$

由上式可知，p_R 在任何时刻都不小于零（都为正值或等于零）。这说明只要有电流通过电阻，电阻就消耗电功率，即要从电源获取电能。因此，电阻是耗能元件。

2. 有功功率

交流电瞬时功率在一个周期内的平均值叫作有功功率，也称为平均功率，用 P 表示。计算公式为

$$P = IU_R = I^2 R = \frac{U_R^2}{R}$$

式中　I ——电流的有效值，单位为安（A）；

　　　U_R—— 电压的有效值，单位为伏（V）；

　　　R——电阻值，单位为欧（Ω）；

　　　P——有功功率，单位为瓦（W），常用的单位还有千瓦（kW）。

三、钳形表

交/直流钳形表作为日常维护工作中必备的测试工具之一，主要用于测试电压、电流、频率等相关参数。钳形电流表是由电流互感器和电流表组合而成的。电流互感器的铁芯在捏紧扳手时可以张开；被测电流所通过的导线可以不必切断就可穿过铁芯张开的缺口，当放开扳手后铁芯闭合。穿过铁芯的被测电路导线就成为电流互感器的一次线圈，其中通过电流便在二次线圈中感应出电流，从而使二次线圈相连接的电流表有指示——测出被测线路的电流。钳形表可以通过转换开关选择不同的量程。但旋转转换开关时不允许带电进行操作。钳形表一般准确度不高，通常为 2.5～5 级。为了使用方便，表内还有不同量程的转换开关供测不同等级电流和电压之用。钳形表如图 3-2-5 所示。

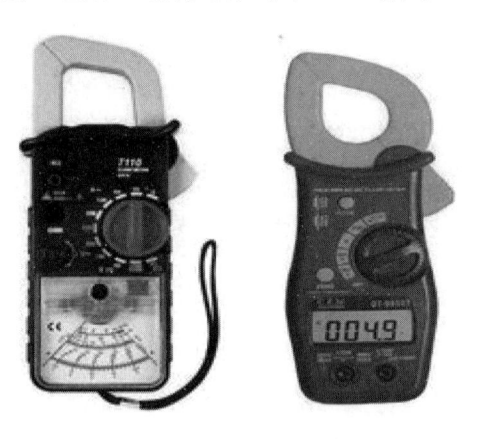

图 3-2-5　钳形表

使用钳形表时的注意事项如下。

（1）在使用前应仔细阅读说明书，弄清是交流还是交直流两用。

（2）被测电路电压不能超过钳形表上所标明的数值，否则容易造成接地事故或触电事故。

（3）每次只能测量一相导线的电流，被测导线应置于钳形窗口中央，不可以将多相导线都钳入窗口测量。

（4）钳形表测量前应先估计被测电流的大小，再决定用哪一量程。若无法估计，可先用最大量程测量，然后适当换小些，以准确读数。不能使用小电流挡去测量大电流，以防

损坏仪表。

（5）钳口在测量时闭合要紧密，闭合后如有杂音，可打开钳口重闭一次。若杂音仍不能消除，应检查磁路上各接合面是否光洁，有尘污时要擦拭干净。

（6）由于钳形电流表本身精度较低，在测量小电流时，可采用下述方法：先将被测电路的导线绕几圈，再放进钳形电流表的钳口内进行测量。此时钳形电流表所指示的电流值并非被测量的实际值，实际电流应为钳形电流表的读数除以导线缠绕的圈数。

任务实施

1. 观察电梯机房照明电路，教师应用示波器让学生观察单相交流电的电压波形。
2. 学生使用万用表、钳形表进行电压及电流的测量，并分析相关参数，完成实训报告。报告内容主要有以下几方面。
（1）简述电梯照明电路的工作原理。
（2）通过示波器观察单相交流电的电压波形，并画出波形图。
（3）使用万用表、钳形表检测照明电路的电压及电流的值，并分析相关参数。
（4）分析示波器与万用表检测的线电压数值不同的原因。

任务评价

通过以上学习，根据任务实施过程，填写如表 3-2-1 所示的任务评价表，完成任务评价。

表 3-2-1　任务评价表

班级		学号		姓名		日期	
序号	评价内容			要求		自评	互评
1	能正确叙述电梯照明电路的供电方式			正确描述			
2	观察示波器展示的电压波形图并描述			正确画出			
3	能根据测量结果分析相关参数			熟练使用			
4	能分析示波器与万用表检测的电压数值不同的原因			准确分析			
教师评语							

任务3　三相交流电的测量

任务呈现

一般家庭用电均为单相交流电，然而电流的大规模生产和分配及大部分工业用电都是以三相交流电路的形式出现的。它的主要优点是，在电力输送上节省导线，能产生旋转磁场，且为结构简单、使用方便的异步电动机的发展和应用创造了条件。此外，它还可以对单相负载供电。因此，三相交流电得到了广泛应用。

任务要求：用示波器观察三相交流电源的波形图，用万用表测量出三相交流发电机的线电压、线电流、相电压及相电流，分析并验证它们之间的关系。

知识准备

一、三相交流电动势

目前，为保证发电机的稳定运行，发电机至少需要三个绕组，理论上发电的相数可以更高，但三相最经济，因此世界各国普遍使用三相发电、供电。三相交流电动势通常由三相交流发电机产生。图 3-3-1 所示为三相交流发电机原理图。

在三相交流发电机的定子中有三个几何形状、尺寸、匝数均相同，在空间位置上互差 120°的绕组，这三个绕组分别称为 U 相绕组、V 相绕组、W 相绕组。三相绕组的始端分别用 U1、V1、W1 表示，末端分别用 U2、V2、W2 表示。转子磁极表面的磁场是按正弦规律分布的。当转子以角速度 ω 逆时针旋转时，在三相绕组上分别产生三个大小相等、频率相同、相位互差 120°的正弦电动势 e_U、e_V、e_W，这三个正弦电动势称为对称三相交流电动势。在没有特别说明的情况下，本书所提到的三相交流电是指对称三相交流电。若以 U 相绕组的电动势 e_U 为参考正弦量，则三相正弦电动势分别表示为

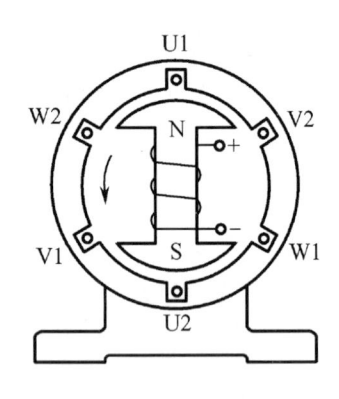

图 3-3-1　三相交流发电机原理图

$$e_U = E_m \sin \omega t$$
$$e_V = E_m \sin(\omega t - 120°)$$
$$e_W = E_m \sin(\omega t + 120°)$$

对称三相电动势的波形图和相量图如图 3-3-2 所示。三相电动势达到正的最大值的先后次序称为相序。若相序为 U、V、W，通常称为正序（或顺序），反之为负序（或逆序）。相序是由发电机转子的旋转方向决定的，通常工程都采用顺序。三相发电机在并网发电时或用三相电驱动三相交流电动机时，必须考虑相序的问题，否则会引起重大事故。为了防止接线错误，低压配电线路中规定用颜色区分各相，如黄色表示 U 相，绿色表示 V 相，红色表示 W 相。

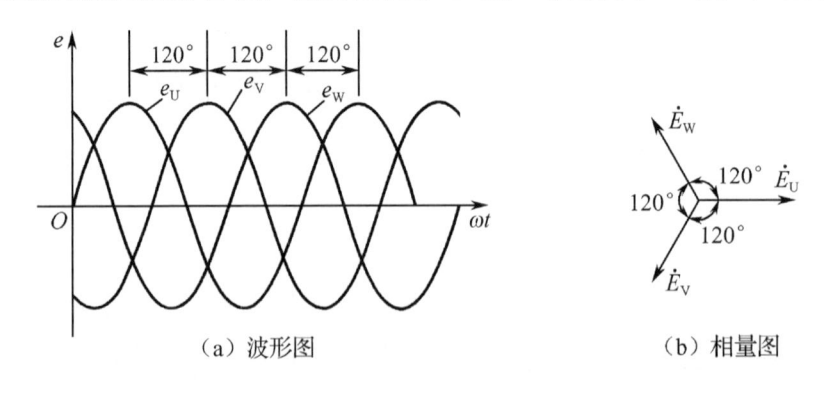

（a）波形图　　　　　（b）相量图

图 3-3-2　对称三相电动势的波形图和相量图

二、三相电源连接方式

对称三相电源一般接成星形或三角形，这里只介绍三相电源最常用的星形连接。把发电机中三相绕组的末端 U2、V2、W2 连接在一起，始端 U1、V1、W1 引出线作为输出线，这种连接方法称为星形接法，如图 3-3-3（a）所示。从始端 U1、V1、W1 引出的三根线称为相线或端线，俗称火线，常用 L1、L2、L3 表示。末端接成的一点称为中性点，用 N 表示。从中性点引出的输电线称为中性线，简称中线。一般供电系统的中性点是直接接地的，这时中性点称为零点，中性线称为零线。规定 L1、L2、L3 和 N 这四根线分别用黄色、绿色、红色和淡蓝色四种颜色加以区别。

由三条相线和一条中性线组成的供电系统称为三相四线制供电系统。有时为了简化线路图可省略发电机绕组，只画出输电线表示相序。三相电源简化图如图 3-3-3（b）所示。相线与中性线之间的电压称为相电压。相电压的正方向规定为从始端指向末端。其有效值分别用 U_U、U_V、U_W 表示，统一用 $U_{相}$ 表示，那么有 $U_U = U_V = U_W = U_{相}$。相线与相线之间的电压称为线电压。线电压的正方向由下标文字的先后顺序标明，一般正方向为从超前一相指向滞后一相。其有效值分别用 U_{UV}、U_{VW}、U_{WU} 表示，统一用 $U_{线}$ 表示，那么有 $U_{UV} = U_{VW} = U_{WU} = U_{线}$。线电压与相电压有效值之间的关系为 $U_{线} = \sqrt{3} U_{相}$，并且线电压超前与之对应的相电压 30°。

（a）三相电源的星形连接　　　　（b）三相电源简化图

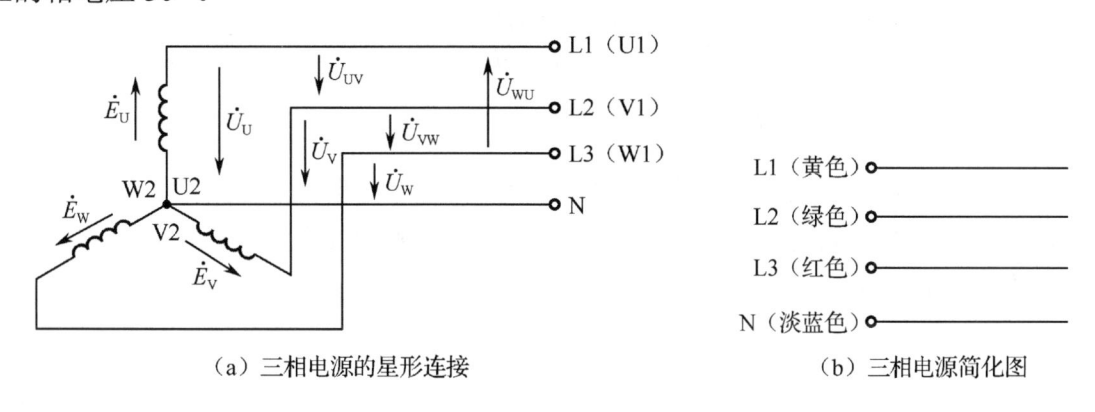

图 3-3-3　三相电源连接

三、三相负载的连接方式

接在三相电源上的负载统称为三相负载。根据所接电源的情况分别叫作 U 相负载、V 相负载、W 相负载。如果三相负载完全相同（即各相负载的大小与性质都相同），那么称为三相对称负载，如三相电动机、三相电炉等。如果三相负载不同，那么称为三相不对称负载，如三相照明电路等。根据三相负载额定电压的不同，三相负载有两种连接方法：星形（Y）连接和三角形（△）连接。其目的就是使负载承受的电压等于负载的额定电压。

1. 三相负载的星形连接

将三相负载分别接到三相电源的三根相线与中性线之间的连接形式称为三相负载的星形连接，如图 3-3-4 所示。

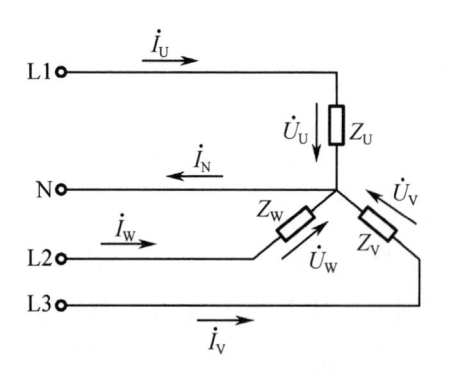

图 3-3-4 三相负载的星形连接

各相负载两端的电压称为负载的相电压；负载相线之间的电压称为负载的线电压。如果忽略线路上的电压降，那么负载的相电压等于电源的相电压，负载的线电压等于电源的线电压。因此，负载的相电压与线电压之间的关系为 $U_{Y相} = U_{Y线}/\sqrt{3}$。

流过相线的电流称为线电流；流过每相负载的电流称为负载的相电流。由图 3-3-4 可知，负载为星形连接的电路中，各相的线电流就是该相负载的相电流。中性线上的电流为各相负载电流之和，即

$$I_N = I_U + I_V + I_W \text{ 或 } i_N = i_U + i_V + i_W$$

如果是三相对称负载，可得出三相负载的各相电流是大小相等、相位互差 120°的对称电流。三相对称负载进行星形连接时，中性线电流为零，即

$$I_N = I_U + I_V + I_W = 0$$

2. 三相负载的三角形连接

把三相负载分别接在两根不同相线之间的接法称为三角形连接，如图 3-15 所示。从图中可看出，无论负载是否对称，负载的相电压都等于电源的线电压，即 $U_{\triangle相} = U_{\triangle线}$。对各相负载来说，相电流 $I_{\triangle相}$、相电压 $U_{\triangle相}$ 与其阻抗模 $|Z_{相}|$ 之间符合欧姆定律，即

$$I_{\triangle相} = \frac{U_{\triangle相}}{|Z_{相}|}$$

下面只研究三相对称负载的情况。由于三相电源的线电压大小相等，相位互差 120°，因此三相对称负载进行三角形连接时，负载各相的相电流大小相等、相位互差 120°，如图 3-3-5 所示。

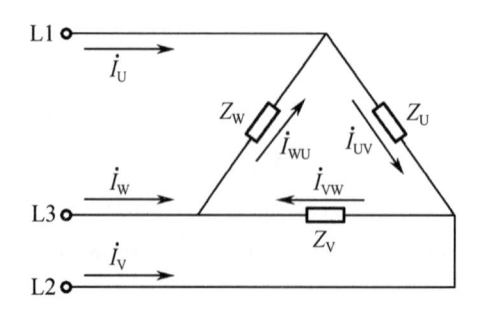

图 3-3-5 三相负载的三角形连接

线电流与相电流的大小关系为 $I_{\triangle线} = \sqrt{3} I_{\triangle相}$，它们的相位关系是线电流滞后对应相电流

30°。各相线电流之间也是大小相等、在相位上互差 120° 的对称电流，相位差图如图 3-3-6 所示。

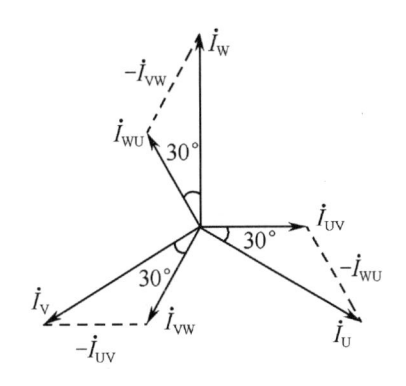

图 3-3-6 相位差图

四、三相电路的功率

不论是三相对称负载连成星形还是三角形，其三相总的有功功率为

$$P = 3U_{相}I_{相}\cos\varphi_{相} = \sqrt{3}U_{线}I_{线}\cos\varphi_{线}$$

负载对称的三相电路总的无功功率为

$$Q = 3U_{相}I_{相}\sin\varphi_{相} = \sqrt{3}U_{线}I_{线}\sin\varphi_{线}$$

负载对称的三相电路总的视在功率为

$$S = 3U_{相}I_{相} = \sqrt{3}U_{线}I_{线}$$

五、中性线的作用

在日常生活中，我们接触的负载，如电灯、电视机、电冰箱、电风扇等家用电器及单相电动机，它们工作时都是用两根导线接到电路中，都属于单相负载。在三相四线制供电系统中，多个单相负载应尽量均衡地分别接到三相电路中去，而不应把它们集中在三根电路中的一相电路里。如果三相电路中的每一根所接的负载的阻抗和性质都相同，就说三根电路中负载是对称的。在负载对称的条件下，因为各相电流间的相位彼此相差 120°，所以在每一时刻流过中线的电流之和为零，把中线去掉，用三相三线制供电是可以的。但实际上多个单相负载接到三相电路中构成的三相负载不可能完全对称。在这种情况下，中线显得特别重要，而不是可有可无的。有了中线，每一相负载两端的电压总等于电源的相电压，不会因负载的不对称和负载的变化而变化，就如同电源的每一相单独对每一相的负载供电一样，各负载都能正常工作。若在负载不对称的情况下又没有中线，就形成不对称负载的三相三线制供电。

由于负载阻抗的不对称，相电流也不对称，负载相电压自然也不能对称。有的相电压可能超过负载的额定电压，负载可能被损坏（灯泡过亮烧毁）；有的相电压可能低些，负载不能正常工作（灯泡暗淡无光）。随着开灯、关灯等操作引起各相负载阻抗的变化，相电流和相电压都随之而变化，灯光忽暗忽亮，其他用电器也不能正常工作，甚至被损坏。可见，在三相四线制供电的线路中，中线起到保证负载相电压对称不变的作用，而对于不对称的三相负载，不能去掉中线，不能在中线上安装保险丝或开关，要用机械强度较好的钢线作为中线。星形连接的三相电，当三相负载平衡时，即使连接中性线，其上也没有电流流过；三相负载不平衡时，应当连接中性线，否则各相负载将分压不等。

任务实施

1. 教师带领学生观察电梯机房供电线路，了解电梯的电源供电方式。

2. 在教师监督的情况下使用万用表、钳形表测量电梯机房中三相电的电压及电流并记录测量结果。

3. 教师通过示波器展示三相交流电的波形。学生观察并完成实训报告，报告内容包括简述电梯电源的供电方式，测量电梯曳引机的线电压，画出三相交流电波形图，应用钳形表检测线电流与相电流，并验证它们的关系。

任务评价

通过以上学习，根据任务实施过程，填写如表 3-3-1 所示的任务评价表，完成任务评价。

表 3-3-1 任务评价表

班级		学号		姓名		日期	
序号	评价内容				要求	自评	互评
1	能正确叙述电梯电源供电方式				正确叙述		
2	画出三相交流电波形图				正确绘制		
3	能应用万用表测量线电压、相电压，并验证它们的关系				熟练使用		
4	能熟练应用钳形表检测线电流和相电流，并验证它们的关系				熟练使用、准确分析		
教师评语							

练习题

1. 防止电气设备外壳带电的有效措施是什么？

2. 什么叫对称三相交流电动势？什么叫三相交流电的相序？

3. 三相对称电源接成星形，已知 $u_W = 244\sin(628t + 60°)$，请写出另外两相电压的解析式及线电压的解析式，并画出相量图。

4. 三相负载有几种接法？对于三相对称负载每种接法中的线电压与相电压、线电流与相电流是什么关系？

5. 有一正弦交流电压的瞬时表达式：$u = 260\sin(628t + 30°)$，试确定其有效值、频率和初相位的大小。

阅读材料

特高压供电系统

在电力传输领域，"高压"的概念是不断改变的。鉴于实际研究工作与运行的需要，对电压等级范围按以下要求划分：35 kV 及以下电压等级称低压；110 kV～220 kV 电压等级称高压；330 kV～500 kV 电压等级称超高压；±800 kV 及以上的直流电和 1000 kV 及以上交流电的电压等级称特高压。

低压：24 V、36 V、127 V、220 V、380 V。

高压：110 kV、220 kV。

超高压：330 kV。

特高压：1000 kV。

特高压电网的优势有以下几点。1000 kV 特高压交流输电线路输送功率约为 500 kV 线路的 4～5 倍。±800 kV 直流特高压输电能力是 ±500 kV 线路的两倍多。特高压交流线路在输送相同功率的情况下，可将最远送电距离延长 3 倍，而损耗只有 500 kV 线路的 25%～40%。输送同样的功率，采用 1000 kV 线路输电与采用 500 kV 的线路相比，可节省 60% 的土地资源。

中国有世界上第一条特高压电网线路：起于山西省长治变电站，经河南省南阳开关站，止于湖北省荆门变电站，连接华北、华中电网，全长 654 km，已于 2008 年 12 月 28 日建成并进行商业化运营。

项目四 电气入门

项目描述

要想成为合格的电气技术专业人员必须经历不同的成长阶段。初级阶段：懂电工原理，能看懂工业电气图。中级阶段：懂工业电子学原理，能看懂工业控制图。高级阶段：能熟练地应用各种电子元器件，会设计电路板，会使用单片机，会编程，能根据非标设备的技术要求，设计出配套的控制系统。因此，我们必须掌握基本的电工基础的理论及技能，达到电气入门的标准。

任务 1 导线的连接

任务呈现

在低压电气系统中，导线连接点是故障发生率最高的部位，电气设备和线路能否安全、可靠地运行，在很大程度上取决于导线连接和绝缘层恢复的质量高低。因此，正确地连接导线是电工必须掌握的基本操作工艺之一。

任务要求：根据电工上岗证技能要求，依据不同类型导线制作至少三种不同的导线连接方式。

知识准备

一、导线连接的基本要求

（1）导线应接触紧密，接头电阻不应大于同长度、同截面积导线的电阻值。

（2）导线的机械强度不应小于该导线机械强度的 80%。

（3）接头处应耐腐蚀，能防止受外界气体的侵蚀。

（4）接头处的绝缘强度应与该导线原有的绝缘强度相同。

二、导线的连接方式

（1）单股铜芯导线的直线连接，如图 4-1-1 所示。

① 将两导线芯线线头成 X 形相交，如图 4-1-1（a）所示。

② 互相绞合 2~3 圈后扳直两线头，如图 4-1-1（b）所示。

③ 将每个线头在另一芯线上紧贴并绕 6 圈，用钢丝钳切去余下的芯线，并钳平芯线末端，如图 4-1-1（c）所示。

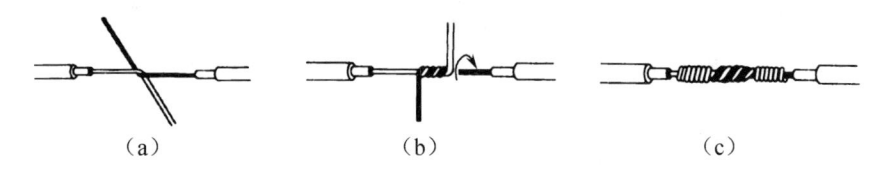

图 4-1-1　单股铜芯导线的直线连接

（2）单股铜芯导线的 T 字形连接，如图 4-1-2 所示。

① 将支路芯线的线头与干线芯线十字相交，先在支路芯线根部留出 5 mm，然后顺时针方向缠绕 6~8 圈（图中为 8 圈）后，用钢丝钳切去余下的芯线，并钳平芯线末端。

② 小截面的芯线可以不打结。

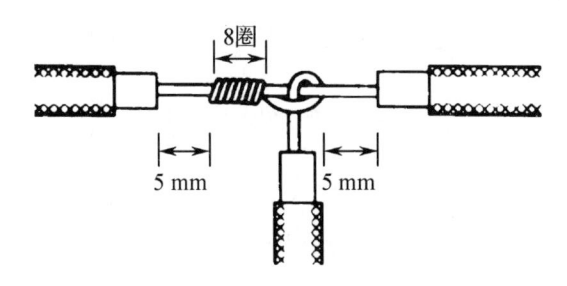

图 4-1-2　单股铜芯导线的 T 字形连接

（3）双股线的对接，如图 4-1-3 所示。

将两根双芯线线头剖削成一长一短，（这样接口处可以错开，不容易发生短路的情况）。连接时，将两根待连接的线头中颜色一致的芯线按小截面直线连接方式连接。用相同的方法将另一颜色的芯线连接在一起。

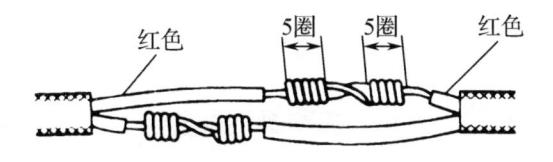

图 4-1-3　双股线的对接

（4）多股铜芯导线的 T 字形连接。

以 7 股铜芯导线为例说明多股铜芯导线的 T 字形连接方法，如图 4-1-4 所示。

① 先将分支芯线散开并拉直，再把紧靠绝缘层 1/8 线段的芯线绞紧，把剩余 7/8 的芯线分成两组，一组 4 根，另一组 3 根，排齐。用旋凿把干线的芯线撬开并分为两组，把支线中 4 根芯线的一组插入干线芯线中间，而把 3 根芯线的一组放在干线芯线的前面，

如图 4-1-4（a）所示。

② 把 3 根线芯的一组在干线右边按顺时针方向紧紧缠绕 3~4 圈，并钳平线端；把 4 根芯线的一组在干线的左边按逆时针方向缠绕 4~5 圈，如图 4-1-4（b）所示。

③ 钳平线端，如图 4-1-4（c）所示。

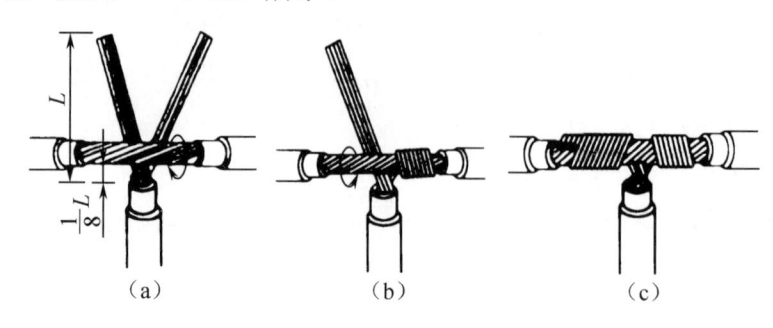

图 4-1-4　7 股铜芯导线的 T 字形连接

（5）不等径铜导线的对接，如图 4-1-5 所示。

把细导线线头在粗导线线头上紧密缠绕 5~6 圈，弯折粗线头端部，使它压在缠绕层上，再把细线头缠绕 3~4 圈，剪去余端，钳平切口。

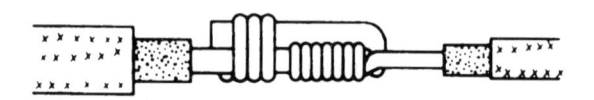

图 4-1-5　不等径铜导线的对接

（6）单股线与多股线的 T 字分支连接，如图 4-1-6 所示。

① 在离多股线的左端绝缘层口 3~5 mm（图中为 5 mm）处的芯线上，用螺丝刀把多股芯线分成较均匀的两组（如 7 股线的芯线分成 3 股和 4 股），如图 4-1-6（a）所示。

② 把单股芯线插入多股芯线的两组芯线中间，但单股芯线不可插到底，应使绝缘层切口离多股芯线约 3 mm 的距离。接着用钢丝钳把多股芯线的插缝钳平、钳紧，如图 4-1-6（b）所示。

③ 把单股芯线按顺时针方向紧缠在多股芯线上，应使圈圈紧挨密排，绕足 10 圈，然后切断余端，钳平切口毛刺，如图 4-1-6（c）所示。

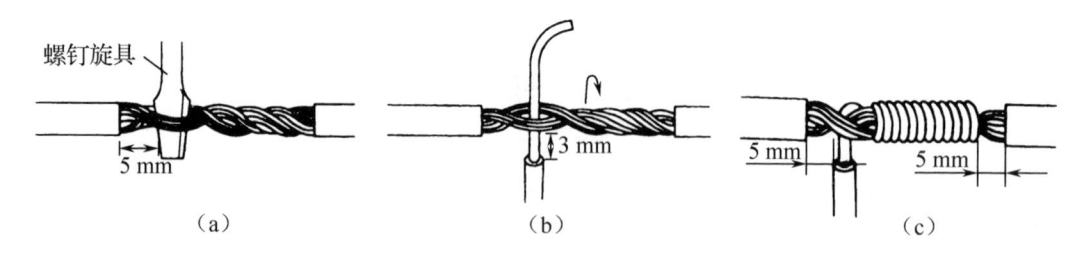

图 4-1-6　单股线与多股线的 T 字分支连接

（7）铝芯导线用压接管压接，如图 4-1-7 所示。

① 接线前，先选好合适的压接管，清除线头表面和压接管内壁上的氧化层和污物，涂上中性凡士林。图 4-1-7（a）所示为压接管。

② 将两根线头相对插入并穿出压接管，使两线端各自伸出压接管 25～30 mm，如图 4-1-7（b）所示。

③ 用压接钳压接，如图 4-1-7（c）所示。

④ 如果压接钢芯铝绞线，那么应在两根芯线之间垫上一层铝质垫片，如图 4-1-7（d）所示。压接钳在压接管上的压坑数目通常是室内线头 4 个，室外 6 个。

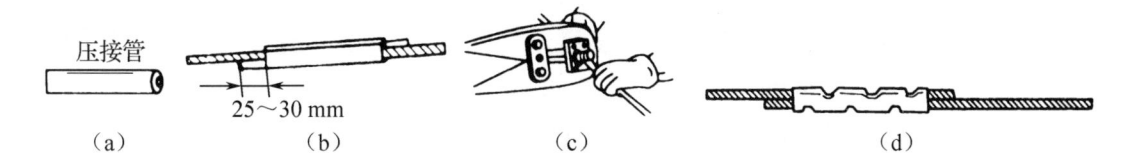

图 4-1-7　铝芯导线用压接管压接

（8）单股芯线与平压式接线桩的连接。

先将线头弯成压接圈（俗称羊眼圈），再用螺钉压紧。压接圈的弯制方法如下。

① 离绝缘层根部约 3mm 处向外侧折角，如图 4-1-8（a）所示。

② 按略大于螺钉直径弯曲圆弧，如图 4-1-8（b）所示。

③ 剪去芯线余端，如图 4-1-8（c）所示。

④ 修正圆圈成圆形，如图 4-1-8（d）所示。

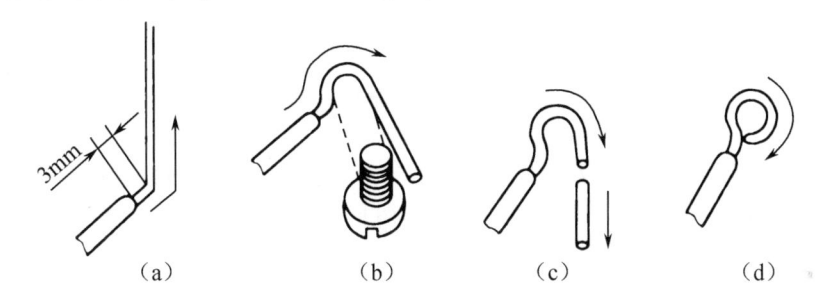

图 4-1-8　压接圈的弯制方法

三、线头绝缘的恢复

1．绝缘材料

在线头连接完成后，破损的绝缘层必须恢复。恢复后的绝缘强度不应低于原有的绝缘强度。在恢复导线绝缘中，常用的绝缘材料有黑胶布、黄蜡带、自黏性绝缘橡胶带、电气绝缘胶带等，一般绝缘带宽度为 10～20 mm 较合适。其中，电气绝缘胶带因颜色有红、绿、黄、黑，又称相色带。黑色电气绝缘胶带如图 4-1-9 所示。

图 4-1-9　黑色电气绝缘胶带

2. 包缠方法

一字形连接的导线接头可按图 4-1-11 所示的方法进行绝缘处理，先包缠一层黄蜡带，再包缠一层黑胶布。具体的操作方法如下：首先，将黄蜡带从接头左边绝缘完好的绝缘层上开始包缠，包缠两圈后进入剥除了绝缘层的芯线部分，如图 4-1-10（a）所示。包缠时，黄蜡带应与导线成 55°左右倾斜角，每圈压叠带宽的 1/2，如图 4-1-10（b）所示，直至包缠到接头右边两圈距离的完好绝缘层处。然后，将黑胶布接在黄蜡带的尾端，如图 4-1-10（c）所示。黑胶布按另一斜叠方向从右向左包缠，如图 4-1-10（d）所示，每圈压叠带宽的 1/2，直至将黄蜡带完全包缠住。包缠处理中应用力拉紧胶带，注意不可稀疏，更不能露出芯线，以确保绝缘质量和用电安全。在潮湿场所应使用聚氯乙烯绝缘胶带或涤纶绝缘胶带。

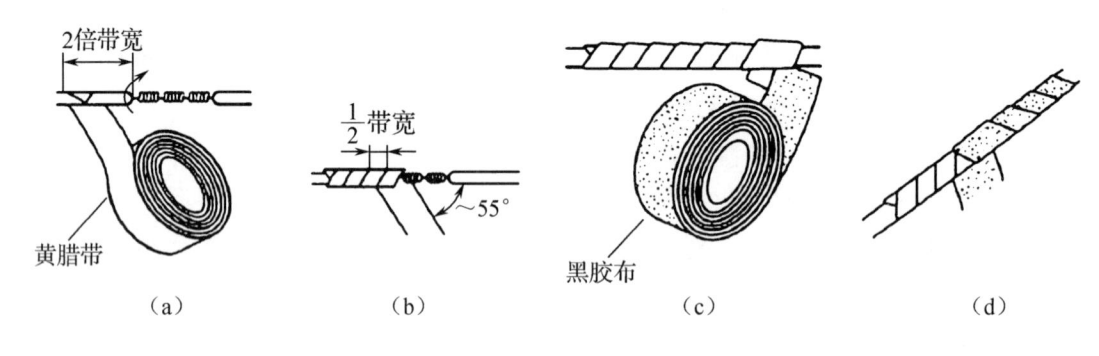

图 4-1-10 一字形连接

导线分支接头的绝缘处理方法同上，T字分支接头的包缠方法如图 4-1-11 所示，走一个T字形的来回，使每根导线上都包缠两层绝缘胶带，每根导线都应包缠到完好绝缘层的两倍胶带宽度处。

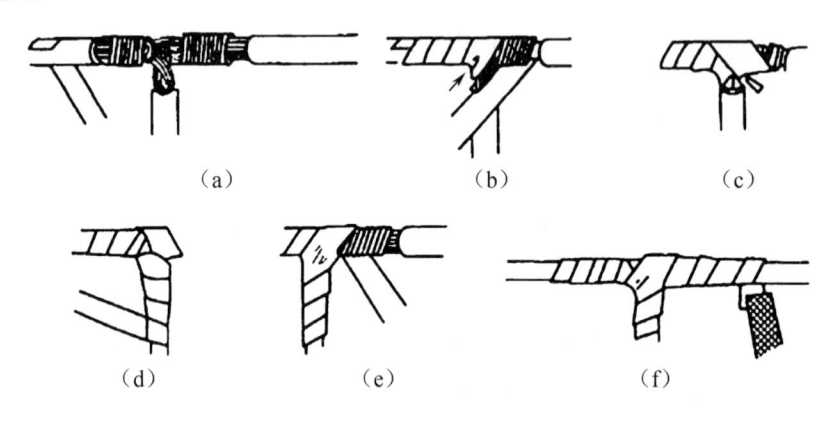

图 4-1-11 T字分支接头的包缠方法

3. 热缩管

热缩管是一种特制的聚烯烃材质热收缩套管，是由外层优质柔软的交联聚烯烃材料及内层的热熔胶复合加工而成的，外层材料有绝缘防蚀、耐磨等特点，内层有低熔点、防水密封和高黏接性等优点。热缩管如图 4-1-12 所示。

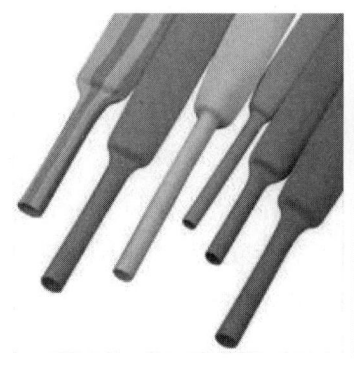

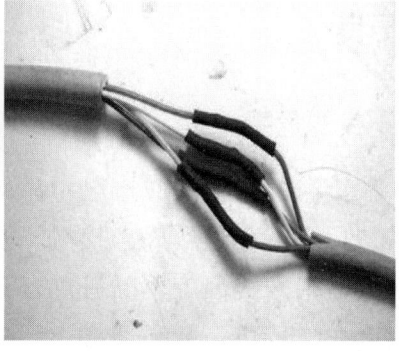

图 4-1-12 热缩管

热缩管的使用方法如下。

(1) 为使线头具有更高的绝缘特性,可使用喷灯加热热缩管。

(2) 先截取一段热缩管,其长度应长于胶带在接头导线上缠绕的长度。

(3) 将截取的热缩管事先套在其中一根导线上,使用黄蜡带将导线接头处包缠,使热缩管将接头处整个套住。

(4) 点燃喷灯,调整好火焰,手持喷灯从热缩管中间向两侧反复喷烤,使热缩管受热紧贴在导线上。热缩管紧固的导线还具有防水的特性。

四、快速接头

随着现代技术的进步及施工要求的提高,要求导线连接快速、稳定、安全。电线快速接头是比较新颖的导线连接方法,它修正了传统的电线连接方式的一些弊端,继承了传统电线连接方式的优点,并开发出新的功能。只需要先把两条线插入电线快速接头的端口,然后用手用力压一下上盖,就可以很轻松地将两条线连接起来,并且外观非常简洁、漂亮,连接头稳定、安全。它采用无缝压接技术,电线连接头与使用锡焊接的效果差不多,不仅可以承受大的电流量,还能有效地断绝因接线头打火而引起火灾的隐患。此外,电线快速接头的外壳本身所使用的就是可阻燃材料,完全封闭电线连接头,达到防潮、防尘的效果。快速接头如图 4-1-13 所示。

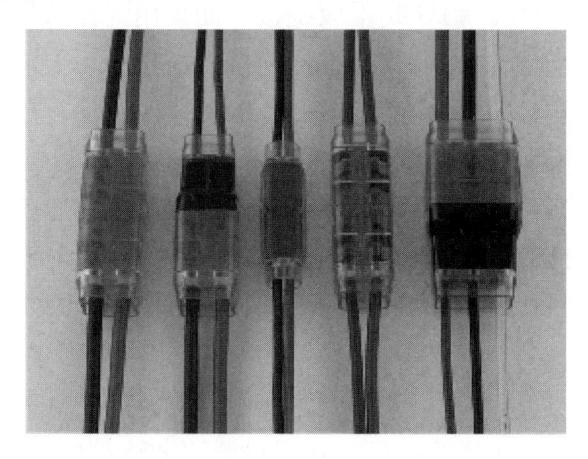

图 4-1-13 快速接头

五、接触不良

1. 导线接触不良的危害

导线连接时，在接触面上会形成接触电阻，如果接点处理得好，那么接触电阻就小，如果连接不牢或其他原因就会导致局部接触不良，发生过热，加剧接触面的氧化，使接触电阻更大，发热更剧烈，造成温度不断升高，形成恶性循环，导致接触处金属变色甚至熔化，引起绝缘材料老化、燃烧，从而造成电气事故。

2. 接触不良的原因

（1）接点由于长期振动或冷热变化，接点松动，造成导线与导线、导线与电气设备连接不牢固。

（2）导线连接处有杂质。夹杂在接点之间的杂质会阻碍导体的良好接触，形成接触电阻，接触电阻过大，将严重影响导线导电性能。目前的做法是及时进行处理，消除氧化层，清除设备表面污渍。

（3）铜铝接点处理不当，在电腐蚀作用下接触电阻会很快变大。

（4）接触面不光滑或接触面小形成接触不良。接点处金属导体出现异常弯曲、变形或凹凸不平，使接点处接触面积减小，产生接触电阻，结果两导线连接时造成接触面积过小形成接触不良。

3. 接触不良的预防

（1）电气线路的安装要严格、科学、合理规划，尽量减少或避免接点。首先，要实行严格的资格认证制度，必须是具有相关知识并经培训、考核合格取得上岗证的正式电工才能承担电气线路的安装敷设工作。其次，对电气线路的安装敷设要科学，合理安排电线的使用，避免接点增多或少接。

（2）无论是导线与导线，还是导线与电气设备的连接都必须使接触面平滑，并做到对接双方充分接触和紧固。如果是螺栓连接，那么应将其拧紧，尤其是处于高温、振动部位的接点安装，应使用弹簧垫圈。绕接时，使缠绕紧密，一般应用钳子进行缠绕。铜芯导线绕接时，应尽量进行焊接处理。铝导线不应绕接，而采用焊接或压接，压接套管以被连接线截面的 1.5 倍为宜。对于重要的母线干线的连接点，接好后要测量其接触电阻，通常要求接触电阻值不应大于相同长度母线电阻值的 1.2 倍；对于运行中的设备连接点，应经常检查，发现松动或发热情况要及时处理。

（3）铜铝导线连接时应使用铜铝过渡接点，并进行压接。压接前给铜鼻子搪锡后，再与铝导线连接，也可采用在铜铝接点处垫锡箔，避免铜铝混接时产生接触电阻。

（4）定期检查和检测接点，防止接触电阻增大，对重要接点加强监视。

任务实施

1. 教师先展示不同导线连接的样板，然后讲解不同连接的方法及工艺。
2. 要求每个学生依据不同类型导线制作至少三种不同的导线连接方式。

3. 教师评价并展示好的作品及最新的导线连接模型。

任务评价

通过以上学习,根据任务实施过程,填写如表 4-1-1 所示的任务评价表,完成任务评价。

表 4-1-1 任务评价表

班级		学号		姓名	
序号	评价内容			要求	评分
1	能正确说出导线连接方式			正确(20分)	
2	连接工艺美观、简洁			美观、简洁(50分)	
3	连接牢固、绝缘胶带缠绕正确			牢固、正确(30分)	
教师评语				总分	

任务 2 两地控制照明电路安装

任务呈现

照明是利用各种光源照亮工作和生活场所或个别物体的措施。电的出现,让人类的生产力得到一次飞跃,而白炽灯的出现也开创了人类用电来照明的历史。按照照明场所分类,可分为商业照明、居家照明、建筑照明、户外照明等。普通家庭中、电梯井道作业中也需要照明,因此作为电工岗位人员必须掌握安装照明电路的基本技能。

任务要求:绘制两地控制的照明电路图,要求电路中有电能表、漏电开关,并按图施工连接,最后调试成功。

知识准备

一、照明线路

我国电网提供的照明电源电压为 220 V、频率为 50 Hz。照明电源取自三相四线制,低压线路上任一根相线与中性线构成照明电路的线路。线路由电能表、导线、开关、照明灯具组成。

1. 电能表

电能表又叫千瓦小时表,可对用户消耗的电力进行计量,即对电能进行累计,以此作为电费的结算依据。但是,在任何一相的负载电流达 100 A 的情况下,电能表不能直接接入线路,应加装电流互感器。电能表的种类繁多,最常用的是交流式电能表。交流式电能表按相线又分为单相电能表、三相三线电能表和三相四线电能表。单相电能表如图 4-2-1(a)所示,三相四线电能表如图 4-2-1（b）所示。电能表按用途分为有功电能表、无功电能表等。

（a）单相电能表　　　　（b）三相四线电能表

图 4-2-1　电能表

1）电能表的结构和工作原理

以交流感应式电能表为例，它由励磁、阻尼、走字和基座等部分组成，其中励磁部分又分电流和电压两部分。单相电能表的构造如图 4-2-2 所示。电压线圈是常通电流的，产生磁通 Φ_u，Φ_u 的大小与电压成正比；电流线圈在有负载时才通过电流产生磁通 Φ_i，Φ_i 与通过的电流大小成正比。阻尼部分由永久磁铁组成，可以避免因惯性作用而使铝盘越转越快，以及在负载消除后阻止铝盘继续旋转。走字系统除铝盘外，还有轴、齿轮和计数器等部分。基座部分由底座、罩盖和接线端子等组成。工作原理：当电能表接入电路时，电压线圈和电流线圈产生的磁通穿过圆盘，这些磁通在时间和空间上不同相，分别在圆盘上感应出涡流，由于磁通与涡流的相互作用而产生转动力矩使圆盘转动，因磁钢的制动作用，使圆盘的转速达到匀速运动，磁通与电路中的电压和电流成正比，使圆盘在其作用下以正比于负载电流的转速运动，圆盘的转动经蜗杆传动到计度器，计度器的示数就是电路中实际所使用的电能。

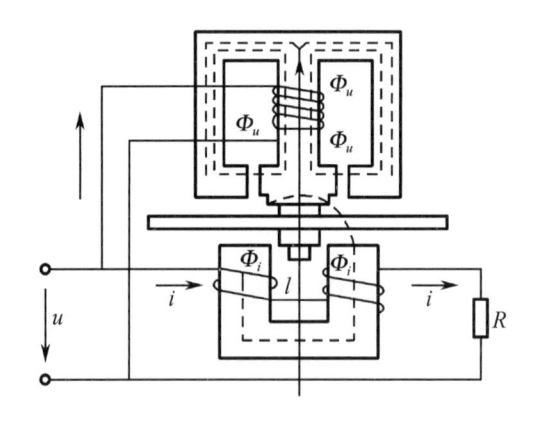

图 4-2-2　单相电能表的构造

三相三线电能表、三相四线电能表的构造及工作原理与单相电能表基本一样，三相三线电能表由两组如同单相电能表的励磁系统集合而成，又由一组走字系统构成复合计数；三相四线电能表则由三组如同单相电能表的励磁系统集合而成，以及由一组走字系统构成复合计数。

2)单相电能表的接线

单相有功电能表的接线端子的进出线有两种排列形式:一种是1、4接进线,3、5接出线;另一种是1、3接进线,4、5接出线。国产单相有功电能表统一采用前一种排列形式。单相电能表的接线图如图4-2-3所示。电能表接线完毕,在接电前,应由供电部门把接线盒盖加铅封,用户不可擅自打开。

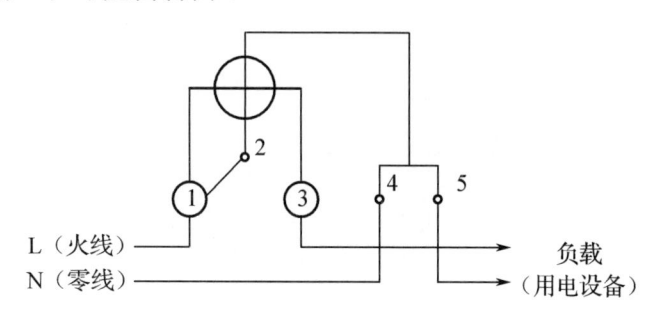

图 4-2-3　单相电能表的接线图

3)三相三线电能表的接线

三相三线电能表的接线图如图4-2-4所示。

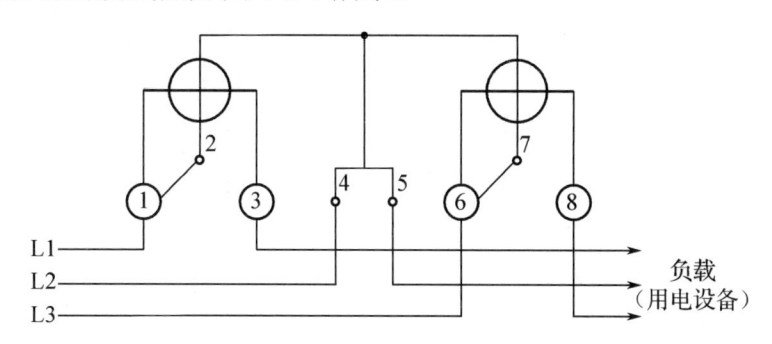

图 4-2-4　三相三线电能表的接线图

4)三相四线电能表的接线

三相四线电能表的接线图如图4-2-5所示。

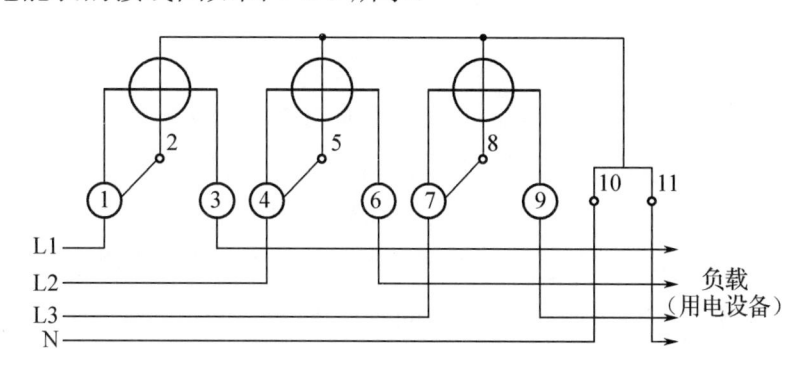

图 4-2-5　三相四线电能表的接线图

2. 漏电开关

漏电开关主要用于接通或断开电源及防止漏电事故的发生。漏电开关的一个铁芯上有两个绕组,分为主绕组和副绕组。主绕组也有两个绕组,分别为输入电流绕组和输出电流绕组。无漏电时，输入电流和输出电流相等，在铁芯上两磁通的矢量和为零，就不会在副绕组上感应出电势，否则副绕组上就会有感应电压形成，经放大器推动执行机构，使开关跳闸。常用保护装置——漏电开关如图 4-2-6 所示，漏电开关的工作原理图如图 4-2-7 所示。

图 4-2-6 漏电开关

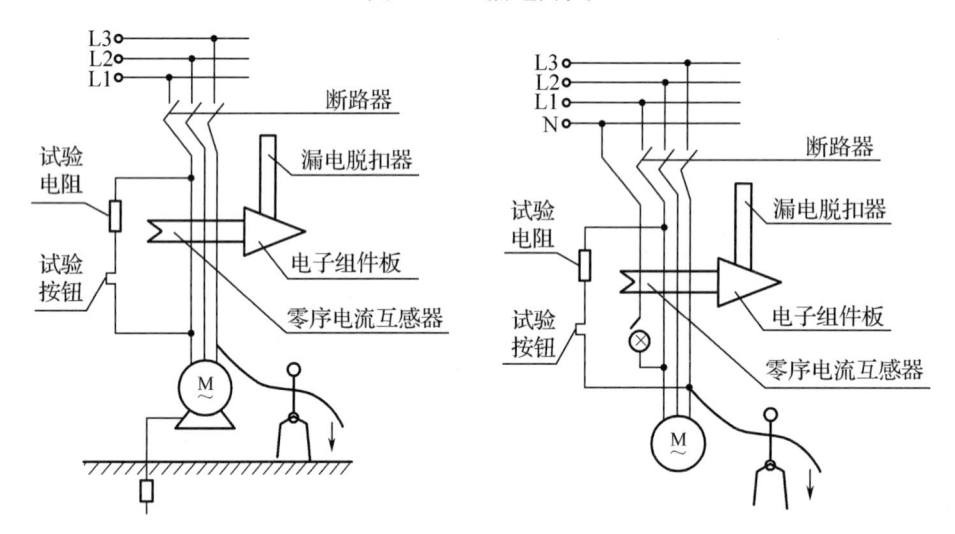

图 4-2-7 漏电开关的工作原理图

选择漏电开关的类型时必须遵守以下基本原则。

（1）漏电开关额定电压必须大于或等于线路的工作电压。

（2）漏电开关额定电流大于或等于线路的负载电流。

（3）额定短路通断能力大于或等于线路中可能出现的最大短路电流。

（4）末端单相对地短路时能使选用 B、C、D 型瞬时脱扣器的开关动作。对于不同类型的负载（用电设备）选用不同的瞬时脱扣器和相应的电流等级的产品。

（5）额定漏电动作电流必须大于或等于 2 倍的线路中已存在的泄漏电流。

（6）在安装漏电开关之前必须搞清原有的供电保护形式，以便判断是否可以直接安装或需改动。

（7）有进出线规定的产品必须严格按要求接线，进出线不可反接。

3. 照明灯具

1）白炽灯

白炽灯的结构简单，使用可靠，价格低廉，装修方便。白炽灯的工作原理是，灯泡的灯丝一般都是用钨制成的，当钨丝通过电流时，就被燃至白炽而发光。白炽灯的灯头有插口式和螺口式两种。功率超过 300 W 的白炽灯，一般采用螺口式灯头，因为螺口式灯头在电接触和散热方面都要比插口式灯头好得多。白炽灯发光效率较低，寿命也不长，但光色较受人欢迎。白炽灯按其工作电压分为 6 V、12 V、24 V、36 V、110 V、220 V 六种。其中，36 V 以下的属于低压安全灯泡。

2）荧光灯（日光灯）

（1）组成。荧光灯由灯管、起辉器、镇流器、灯架和灯座等组成。荧光灯结构如图 4-2-8 所示。

（2）工作原理。荧光灯的工作全过程分起辉和工作两种状态。灯管的灯丝又叫阴极，通电后发热，称阴极预热。预热到 850～900℃时（约通电 1～3 s 后），阴极发射电子，但荧光灯灯管属长管放电发光类型，起辉前内阻较高，阴极预热发射的

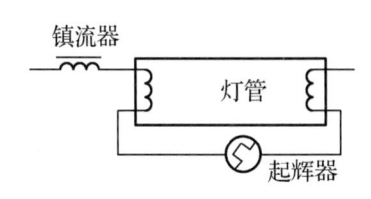

图 4-2-8　荧光灯结构

电子不能使灯管内形成回路，需要施加较高的脉冲电压。此时灯管内阻很大，镇流器因接近空载，其线圈两端的电压降极小，电源电压绝大部分加在起辉器上，在较高电压的作用下，氖泡内动、静两触片之间就产生辉光放电而逐渐发热，U 形双金属片因温度上升而动作，触及静片，于是就形成起辉状态的电流回路。接着，因辉光放电停止，U 形双金属片随温度下降而复位，动、静两触片分断，于是在电路中形成一个触发，使镇流器电感线圈中产生较高的感应电动势，出现瞬时高压脉冲。在脉冲电动热作用下，使灯管内惰性气体被电离而引起弧光放电。随着弧光放电，灯管内温度升高，液态汞就汽化游离，游离的汞蒸气弧光放电，这时就辐射出不可见的紫外线，激发灯管内壁上的荧光材料而发出可见光，光色近似"日光色"。

3）LED 灯

LED 是英文 "light emitting diode"（发光二极管）的缩写，它的基本结构是一块电致发光的半导体材料，先把芯片用银胶或白胶固化到支架上，然后用银线或金线连接芯片和电路板，再用环氧树脂密封四周，起到保护内部芯线的作用，最后安装外壳，所以 LED 灯的抗振性能好。LED 的应用涉及日常家电和机械生产方面。图 4-2-9 所示为 LED 灯。

图 4-2-9　LED 灯

LED 灯的优点如下。

（1）节能：白光 LED 灯的能耗仅为白炽灯的 1/10、节能灯的 1/4。

（2）长寿：寿命可在 10 万小时以上，对普通家庭照明可谓"一劳永逸"。

（3）可以工作在高速状态：节能灯如果频繁地启动或关断，灯丝就会发黑，很快坏掉，而 LED 灯不会。

（4）环保，没有汞等有害物质。LED 灯泡的组装部件非常容易拆装。除了厂家回收，LED 灯还可以通过其他人回收。很明显，只要 LED 灯的成本随 LED 技术的不断提高而降低，节能灯及白炽灯必然会被 LED 灯所取代。

4．插座

分类：插座按形状可分为扁插、圆插；按极数可分为二极、三极、四极。连线规则：左零右相（火）、上地。四极：上地、其他为相线。图 4-2-10 所示为插座。

图 4-2-10 插座

二、控制原理图

（1）单联开关控制白炽灯的原理图，如图 4-2-11 所示。

（2）双联开关控制白炽灯的原理图，如图 4-2-12 所示。

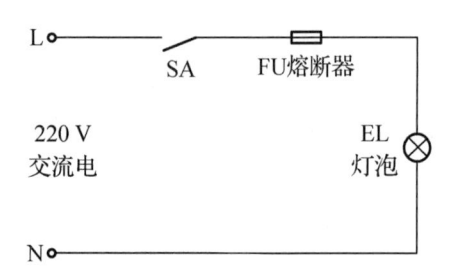

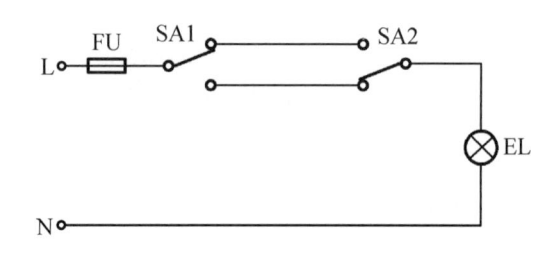

图 4-2-11 单联开关控制白炽灯的原理图　　图 4-2-12 双联开关控制白炽灯的原理图

（3）荧光灯控制原理图，如图 4-2-13 所示。

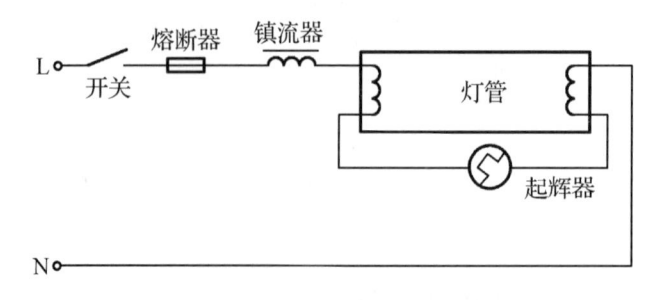

图 4-2-13 荧光灯控制原理图

三、照明安装要求

（1）选择适宜的木螺丝固定各种电器。

（2）安装电器时，要做到整齐美观、不会松动。

（3）线头接到电器接线桩时，线芯露出端子不能超过 2 mm。

（4）底盒内的导线为 8~10 cm，不宜太长，也不宜太短，以便接线和安装面板。

（5）安装白炽灯和插座要符合规定，接线要正确。

（6）一个基本线路取电源时，一定要在分路总开关后的支线上取电源，如果在其他基本线路的开关电器后取电源，就会受到该基本线路的开关电器控制。

任务实施

1. 教师布置异地照明电路任务，学生完成电路图绘制。
2. 根据自己绘制的图纸及安装灯具的要求，在实训室安装照明线路，直至调试成功。

任务评价

通过以上学习，根据任务实施过程，填写如表 4-2-1 所示任务评价表，完成任务评价。

表 4-2-1　任务评价表

班级		学号		姓名	
序号	评价内容			要求	评分
1	原理图的绘制			绘制正确	
2	检查安装是否符合国家标准			符合国家标准	
3	调试成功			功能实现	
教师评语				总分	

任务 3　电梯控制系统的认识

任务呈现

机电产品指的是机械和电气设备的总和。控制系统是指由控制主体、控制客体和控制媒体组成的具有目标和功能的管理系统。控制系统是机电一体化、智能化的核心。在日常生活和工业生产中会遇到许多不同的机电产品，它们都有不同的控制系统。

任务要求：参观不同控制系统的电梯，区分它们的优缺点。

知识准备

电气控制技术是以各类电动机为动力的传动装置与系统为对象，实现生产过程自动化的控制技术。电气控制系统是其中的主干部分，在国民经济各行业中得到广泛应用，是实现工业生产自动化的重要技术手段。

随着科学技术的不断发展、生产工艺的不断改进，特别是计算机技术的应用和新型控制策略的出现，电气控制技术的面貌不断发生变化：在控制方法上，从手动控制发展到自动控制；在控制功能上，从简单控制发展到智能化控制；在操作上，从笨重发展到信息化处理；在控制原理上，从单一的有触点硬接线继电器逻辑控制系统发展到以微处理器或微计算机为中心的网络化自动控制系统。

1. 继电器控制系统

继电器控制系统是指驱动电源的全部电压按照控制偏差值符号的正负，正向或反向地加到执行电动机上。它是最早且至今仍是许多生产机械设备广泛采用的基本电气控制形式，也是学习先进电气控制系统的基础。

继电器控制系统主要由继电器、接触器、按钮、行程开关等组成，由于其控制方式是断续的，故称为断续控制系统。它具有控制简单、方便实用、价格低廉、易于维护、抗干扰能力强等优点。但由于其接线方式固定、灵活性差，难以适应复杂和程序可变的控制对象的需要，而且工作频率低，触点易损坏，可靠性差。常见继电器如图 4-3-1 所示，继电器控制系统如图 4-3-2 所示。

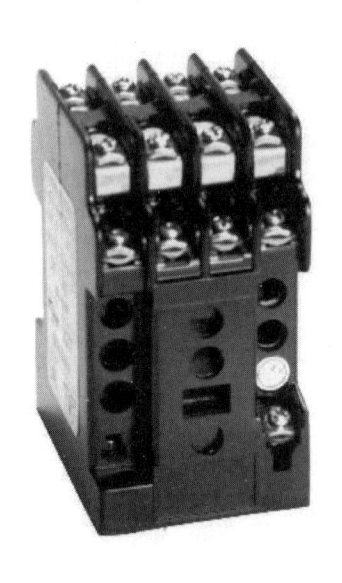

图 4-3-1　继电器　　　　　　　图 4-3-2　继电器控制系统

2. 可编程逻辑控制器

可编程逻辑控制器的英文全称为 Programmable Logic Controller，简称 PLC。PLC 是以软件手段实现各种控制功能、以微处理器为核心的，是 20 世纪 60 年代诞生并开始发展起来的一种新型工业控制装置。PLC 是以硬接线的继电器——接触器控制为基础，逐步发展为既有逻辑控制、计时、计数，又有运算、数据处理、模拟量调节、联网通信等功能的电子装置。PLC 控制系统正逐步取代传统的继电器控制系统，现在其广泛应用于冶金、采矿、建材、机械制造、石油、化工、汽车、电力、造纸、纺织、装卸、环保等各个行业。在自动化领域，可编程控制器、CAD/CAM 与工业机器人并称为加工业自动化的三大支柱，其应用日益广泛。PLC 有以下特点。

1）可靠性高，抗干扰能力强

可靠性高是电气控制设备的关键性能。PLC 由于采用现代大规模集成电路技术，采用严格的生产工艺制造，内部电路采取了先进的抗干扰技术，具有很高的可靠性。从 PLC 的机外电路来说，使用 PLC 构成控制系统，和同等规模的继电接触器系统相比，电气接线及开关接点已减少到数百甚至数千分之一，大大降低了发生故障的可能。此外，PLC 带有硬件故障自我检测功能，出现故障时可及时发出警报。

2）配套齐全，功能完善，适用性强

PLC 发展到今天，已经形成了大、中、小各种规模的系列化产品，可以用于各种规模的工业控制场合。除了逻辑处理功能，现代 PLC 大多具有完善的数据运算能力，可用于各种数字控制领域。近年来，PLC 的功能单元大量涌现，使 PLC 渗透到了位置控制、温度控制、CNC 等各种工业控制中。加上 PLC 通信能力的增强及人机界面技术的发展，使用 PLC 组成各种控制系统变得非常容易。

3）易学易用，深受工程技术人员欢迎

PLC 作为通用工业控制计算机，是面向工矿企业的工控设备。它接口容易，编程语言易于工程技术人员接受。梯形图语言的图形符号与表达方式和继电器电路图相当接近，只用 PLC 的少量开关量逻辑控制指令就可以方便地实现继电器电路的功能。为不熟悉电子电路、不懂计算机原理和汇编语言的人使用计算机从事工业控制打开了方便之门。

4）系统的设计、建造工作量小，维护方便，容易改造

PLC 用存储逻辑代替接线逻辑，大大减少了控制设备外部的接线，使控制系统设计及建造的周期大为缩短，同时使维护变得容易起来。更重要的是，这使同一设备通过改变程序改变生产过程成为可能。这很适合多品种、小批量的生产场合。

5）体积小，重量轻，能耗低

以超小型 PLC 为例，新近出产的品种底部尺寸小于 100 mm，质量小于 150 g，功耗仅数瓦。由于体积小很容易装入机械内部，是实现机电一体化的理想控制设备。常见 PLC 如图 4-3-3 所示，PLC 控制系统如图 4-3-4 所示。

3. 单片机控制系统

单片机（Single chip microcomputer）是一种集成电路芯片，单片机控制系统是采用超大规模集成电路技术，把具有数据处理能力的中央处理器 CPU、随机存储器 RAM、只读存储器 ROM、多种 I/O 接口和中断系统、定时器/计数器等功能（可能还包括显示驱动电路、脉宽调制电路、模拟多路转换器、A/D 转换器等电路）集成到一块硅片上构成的一个小而完善的微型计算机系统。目前，单片机渗透到我们生活的各个领域，几乎很难找到哪

个领域没有单片机的踪迹。它广泛应用于仪器仪表、医用设备、航空航天、专用设备的智能化管理及过程控制等领域,特别是日常生活中许多智能家居及用品都是由单片机控制系统来控制的。

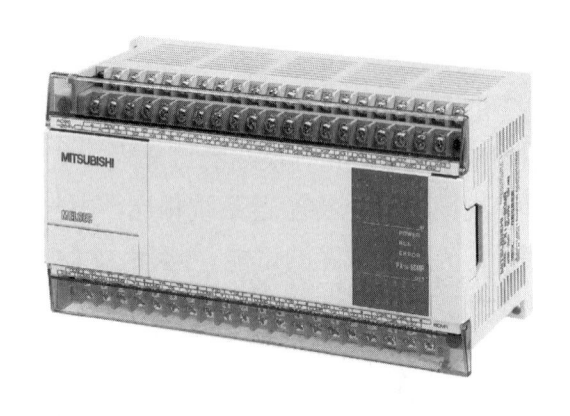

图 4-3-3　PLC

图 4-3-4　PLC 控制系统

单片机控制系统的特点如下。

1）集成度高,体积小,可靠性高

单片机将各功能部件集成在一块芯片上,集成度很高,体积也很小。芯片本身是按工业测控环境要求设计的,内部布线很短,其抗工业噪音性能优于一般通用的 CPU。单片机程序指令、常数及表格等固化在 ROM 中不易破坏,许多信号通道均在一个芯片内,故可靠性高。

2）控制功能强

为了满足对对象的控制要求,单片机的指令系统均有极丰富的条件:分支转移能力,I/O 口的逻辑操作及位处理能力,非常适用于专门的控制功能。

3）低电压,低功耗,便于生产便携式产品

为了满足广泛使用于便携式系统,许多单片机内的工作电压仅为 1.8～3.6 V,而工作电流仅为数百微安。

4）易扩展

片内具有计算机正常运行所必需的部件。芯片外部有许多供扩展用的三总线及并行、串行输入/输出引脚,很容易构成各种规模的计算机应用系统。

5）优异的性价比

单片机的性能极高。为了提高速度和运行效率,单片机已开始使用 RISC 流水线和 DSP 等技术。单片机的寻址能力也已突破 64 KB 的限制,有的可达到 1 MB 和 16 MB,片内的 ROM 容量可达 62 MB,RAM 容量则可达 2 MB。由于单片机的广泛使用,它的需求量极大,而各大公司的商业竞争又使其价格十分低廉,所以单片机的性价比极高。

常见单片机如图 4-3-5 所示,单片机控制系统如图 4-3-6 所示。

图 4-3-5 单片机　　　　　　　图 4-3-6 单片机控制系统

任务实施

1. 介绍不同控制系统的机电产品。
2. 教师带领学生参观不同控制系统的电梯控制系统。
3. 学生分组讨论并总结不同控制系统电梯的优缺点。

任务评价

通过以上学习，根据任务实施过程，填写如表 4-3-1 所示的任务评价表，完成任务评价。

表 4-3-1　任务评价表

班级		学号		姓名	
序号	评价内容			要求	评分
1	继电器控制系统电梯的优缺点			准确描述	
2	PLC 控制系统电梯的优缺点			准确描述	
3	单片机控制系统电梯的优缺点			准确描述	
教师评语				总分	

任务 4　电梯控制柜的认识

任务呈现

在国防工业、工矿企业、交通运输等电气控制设备中，采用的都是低压电器。低压电器是电气控制的基本组成元件。电气设备能否正常运行和低压电器性能的好坏有直接的关系。因此，作为电气工程技术人员，应该熟悉低压电器的结构、工作原理和使用方法，以便熟练安装、维修电器硬件使设备控制系统正常运行。

任务要求：观察电梯电气控制系统，说出电梯电器元件的名称、符号、工作原理及其在电梯中的相应安装位置，并能对电器元件做简单的维护。

知识准备

低压电器指在电能的生产、输送、分配和使用中，能根据外界信号（机械力、电动力和其他物理量）和要求，手动或自动地接通、断开电路，以实现对电路或非电对象的切换、控制、保护、检测、变换和调节的元件或设备。我国现行标准规定：工作在交流 50 Hz、额定电压 1200 V 及以下和直流额定电压 1500 V 及以下电路中的电器为低压电器。

低压电器种类繁多，作用、构造及工作原理各不相同，因而有多种分类方法。低压电器的分类如表 4-4-1 所示。

表 4-4-1 低压电器的分类

分类方式	类型	说明
按功能用途分类	低压配电电器	主要用于低压配电系统中，实现电能的输送、分配及保护电路和用电设备的作用，包括刀开关、组合开关、熔断器和自动开关等
	低压控制电器	主要用于电气控制系统中，实现发布指令、控制系统状态及执行动作等作用，包括接触器、继电器、主令电器和电磁离合器等
按工作原理分类	电磁式电器	根据电磁感应原理来动作的电器，如交流或直流接触器、各种电磁式继电器、电磁铁等
	非电量控制电器	依靠外力或非电量信号（如速度、压力、温度等）的变化而动作的电器，如转换开关、行程开关、速度继电器、压力继电器、温度继电器等
按动作方式分类	自动电器	自动电器指依靠电器本身参数变化（如电、磁、光等）而自动完成动作切换或状态变化的电器，如接触器、继电器等
	手动电器	手动电器指依靠人工直接完成动作切换的电器，如按钮、刀开关等

一、低压断路器

低压断路器俗称自动开关或空气开关，为符合 IEC 标准，现统一使用低压断路器这一名称，简称断路器。低压断路器主要用于保护交流 500 V 或直流 400 V 以下的低压配电网和电力拖动系统中常用的一种配电电器，可用于不频繁接通和分断负载电路，而且当电路发生过载、短路或失压等故障时，能自动切断电路，有效地保护串接在它后面的电气设备。低压断路器相当于刀开关、过电流继电器、失电压继电器、热继电器及漏电保护器等电器部分或全部的功能总和，是低压配电网中一种重要的保护电器。

低压断路器的种类较多，按用途分为配电（照明）、限流、灭磁、漏电保护等；按动作时间分为一般型和快速型；按结构分为框架式（万能式 DW 系列）和塑料外壳式（装置式 DZ 系列）；按极数分为单极、双极、三极和四极断路器；按操作方式分为直接手柄操作、杠杆操作、电磁铁操作和电动机操作断路器等。低压断路器如图 4-4-1 所示。

低压断路器的图形符号和文字符号如图 4-4-2 所示。

低压断路器主要由触点系统、灭弧装置、保护装置、自由脱扣机构和操作机构等四大部分组成。

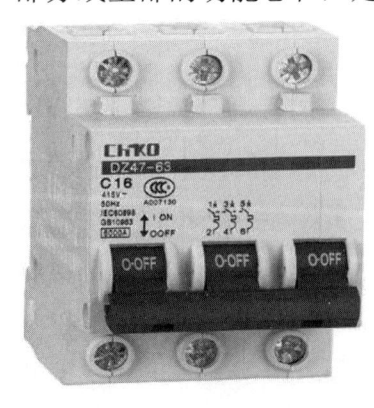

图 4-4-1 低压断路器

$$QF\ -/-/-/-$$

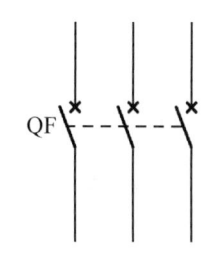

图 4-4-2　低压断路器的图形符号和文字符号

1) 触点系统

触点系统一般有主触点和灭弧触点，大电流的断路器还有辅助触点，这三种触点并联接在电路中。正常工作时，主触点承载负载电流；断开时，灭弧触点熄灭电弧，保护主触点。当电路接通时，灭弧触点先接通，主触点后接通，而断开电路时顺序相反。辅助触点工作在主触点和灭弧触点之间，也起保护主触点的作用。

2) 灭弧装置

灭弧装置大多为栅片式。灭弧罩采用三聚氰胺耐弧塑料压制，两壁装有绝缘隔板，防止相间飞弧。灭弧室上方装设三聚氰胺玻璃布板制成的灭弧栅片，以缩小飞弧距离。

3) 保护装置

保护装置由各种脱扣器构成。脱扣器是用来接收操作命令或电路非正常情况的信号，以机械动作或触发电路的方法，脱扣机构的动作部件，实现短路、欠电压、失电压、过载等保护功能。它包括过电流脱扣器、失压脱扣器、分励脱扣器和热脱扣器。另外，它还可以是装设半导体或带微处理器的脱扣器。

4) 自由脱扣机构和操作机构

自由脱扣机构是用来联系操作机构与触点系统的机构。当操作机构处于闭合位置时，也可由自由脱扣机构进行脱扣，将触点断开。

操作机构是实现断路器闭合、断开的机构，有手动操作机构、电磁铁操作机构、电动机操作机构等。

5) 工作原理

低压断路器的结构示意图如图 4-4-3 所示，三个主触点串联在被保护的三相主电路中。开关的主触点是靠操作机构手动或电动合闸的，并由自由脱扣机构将主触点锁在合闸位置上。当线路正常工作时，搭钩钩住主触点的弹簧，使主触点保持闭合状态。

当线路发生一般性过载时，过载电流虽不能使电磁脱扣器动作，但能使热元件产生一定热量，促使双金属片受热向上弯曲，推动杠杆使搭钩与锁扣脱开，将主触点分断，切断电源，实现过载保护。当线路发生短路或严重过载电流时，短路电流超过瞬时脱扣整定电流值，电磁脱扣器产生足够大的吸力，将衔铁吸合并撞击杠杆，使搭钩绕转轴座向上转动与锁扣脱开，锁扣在反力弹簧的作用下将三副主触点分断，切断电源，实现短路保护。当线路上电压下降或失去电压时，欠电压脱扣器的吸力减小或失去吸力，衔铁被弹簧拉开，撞击杠杆把搭钩顶开，切断主触点，实现欠压失压保护。

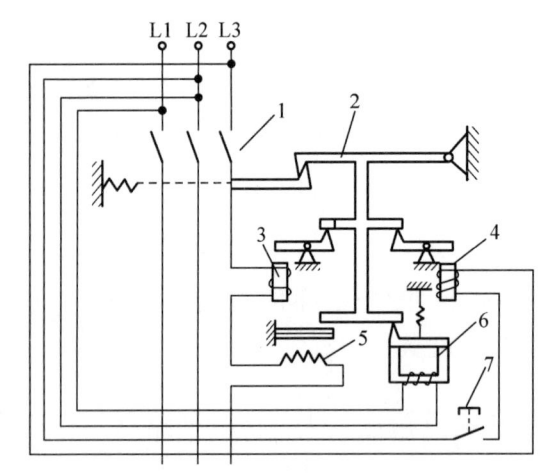

1—主触点；2—自由脱扣器；3—过电流脱扣器；4—分励脱扣器；5—热脱扣器；6—失压脱扣器；7—按钮

图 4-4-3　低压断路器结构示意图

6）选用原则

（1）应根据使用场合和保护要求选择断路器的类型，一般选用塑壳式断路器；额定电流较大或有选择性保护要求时，采用框架式断路器；短路电流较大时，选用限流型断路器。

（2）断路器的额定电压、额定电流应大于或等于线路、设备的正常工作电压、工作电流。

（3）断路器的极限通断能力大于或等于电路的最大短路电流。

（4）过电流脱扣器的额定电流应大于或等于线路的最大负载电流。

（5）欠电压脱扣器的额定电压应等于线路的额定电压。

7）故障处理

低压断路器的常见故障及处理方法如表 4-4-2 所示。

表 4-4-2　低压断路器的常见故障及其处理方法

故障现象	产生原因	处理方法
手动操作断路器不能闭合	（1）电源电压太低 （2）热脱扣器的双金属片尚未冷却复原 （3）欠电压脱扣器无电压或线圈损坏 （4）储能弹簧变形，导致闭合力减小 （5）反作用弹簧力过大	（1）检查电路并调高电源电压 （2）待双金属片冷却后再合闸 （3）检查电路，施加电压或调换线圈 （4）调换储能弹簧 （5）重新调整弹簧反力
电动操作断路器不能闭合	（1）电源电压不符 （2）电源容量不够 （3）电磁铁拉杆行程不够 （4）电动机操作定位开关变位	（1）调换电源 （2）增大操作电源容量 （3）调整或调换拉杆 （4）调整定位开关
电动机启动时断路器立即分断	（1）过电流脱扣器瞬时整定值太小 （2）脱扣器某些零件损坏 （3）脱扣器反力弹簧断裂或落下	（1）调整瞬时整定值 （2）调换脱扣器或损坏的零部件 （3）调换弹簧或重新装好弹簧
分励脱扣器不能使断路器分断	（1）线圈短路 （2）电源电压太低	（1）调换线圈 （2）检修线路调整电源电压
欠电压脱扣器噪声大	（1）反作用弹簧力太大 （2）铁芯工作面有油污 （3）短路环断裂	（1）调整反作用弹簧 （2）清除铁芯油污 （3）调换铁芯
欠电压脱扣器不能使断路器分断	（1）反力弹簧力变小 （2）储能弹簧断裂或弹簧力变小 （3）机构生锈卡死	（1）调整弹簧 （2）调换或调整储能弹簧 （3）清除锈污

二、转换开关

转换开关又称组合开关,与刀开关的操作不同,它是左右旋转的平面操作。转换开关具有多触点、多位置、体积小、性能可靠、操作方便、安装灵活等优点,多用于机床电气控制线路中电源的引入开关,起着隔离电源作用,还可作为直接控制小容量异步电动机不频繁启动和停止的控制开关。转换开关同样也有单极、双极和三极之分。

转换开关如图 4-4-4 所示。

转换开关的图形符号和文字符号如图 4-4-5 所示。

(a)单极　　(b)三极

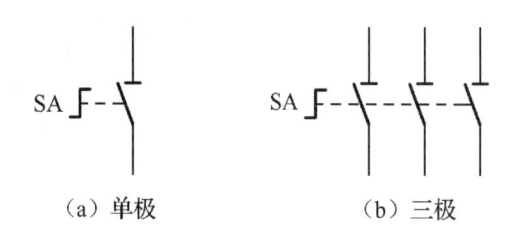

图 4-4-4　转换开关　　　　图 4-4-5　转换开关的图形符号和文字符号

1)结构原理

转换开关的接触系统是由数个装嵌在绝缘壳体内的静触点座和可动支架中的动触点构成。动触点是双断点对接式的触桥,在附有手柄的转轴上,随转轴旋至不同位置使电路接通或断开。定位机构采用滚轮卡棘轮结构,配置不同的限位件,可获得不同挡位的开关。

转换开关由多层绝缘壳体组装而成,可立体布置,减小了安装面积,结构简单、紧凑,操作安全可靠。转换开关可以按线路的要求组成不同接法的开关,以适应不同电路的要求。在控制和测量系统中,采用转换开关可进行电路的转换,如电工设备供电电源的倒换、电动机的正反转倒换、测量回路中电压和电流的换相等。用转换开关代替刀开关使用,不仅可使控制回路或测量回路简化,并能避免操作上的差错,还能够减少使用元件的数量。

转换开关是刀开关的一种发展,其区别是刀开关操作时上下平面动作,转换开关则是左右旋转平面动作,并且可制成多触点、多挡位的开关。

2)主要用途

转换开关可作为电路控制开关、测试设备开关、电动机控制开关和主令控制开关,及电焊机用转换开关等。转换开关一般应用于交流 50 Hz、电压 380 V 及以下,或者直流电压 220 V 及以下电路中转换电气控制线路和电气测量仪表。例如,LW5/YH2/2 型转换开关常用于转换测量三相电压。转换开关还适用于交流 50 Hz、电压 380 V 及以下,或者直流电压 220 V 及以下电路,进行手动不频繁接通或分断电路,换接电源或负载,其可承载的电流一般较大。

三、主令电器

主令电器是一种以发布命令或信号达到对电力传动系统控制的电器,主要用于接通、断开控制电路，也可以通过电磁式电器的转换对主电路实现控制。主令电器应用广泛，种类繁多，常用的主令电器有按钮、行程开关、接近开关等。

1．按钮

按钮是一种用人力（一般为手指或手掌）操作，并具有储能（弹簧）复位的控制开关。按钮的触点允许通过的电流较小，一般不超过 5 A，因此一般情况下不直接控制主电路，而是在控制电路中发出指令或信号去控制接触器、继电器等电器，再由它们去控制主电路的通断、功能转换或电气联锁等。按钮如图 4-4-6 所示。

图 4-4-6　按钮

1）结构原理及电气符号

按钮一般由按钮帽、复位弹簧、桥式动触点、静触点和外壳等组成，通常制成具有动合触点和动断触点的复合结构。按钮的结构示意图及电气符号如图 4-4-7 所示。

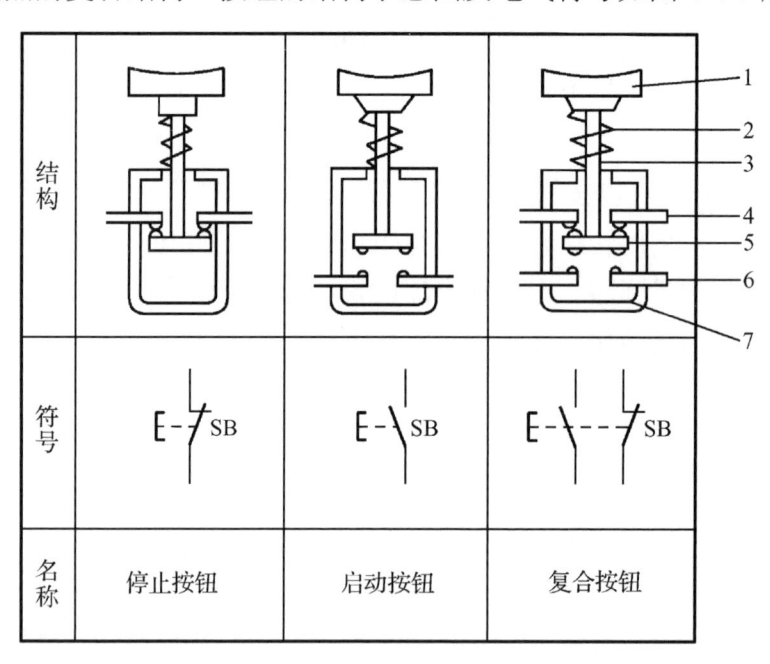

结构			
符号	E-╱-SB	E-╲-SB	E-╲╱-SB
名称	停止按钮	启动按钮	复合按钮

1—按钮帽；2—复位弹簧；3—支柱连杆；4—动断静触点；5—桥式动触点；6—动合静触点；7—外壳

图 4-4-7　按钮结构原理及电气符号

停止按钮未按下时，触点是闭合的，按下时触点断开；当松开后，按钮在复位弹簧的作用下复位闭合。启动按钮与停止按钮相反，未按下时，触点是断开的，按下时触点闭合接通；当松开后，按钮在复位弹簧的作用下复位断开。

复合按钮是将停止按钮与启动按钮组合为一体的按钮。未受外力作用时，动断触点是闭合的，动合触点是断开的。在外力作用下，动断触点先断开，继而动合触点闭合；当外力消失后，按钮在复位弹簧的作用下，动合触点先断开复位，继而动断触点闭合复位。

2）按钮帽颜色的含义

按使用场合、作用的不同，通常将按钮帽做成红、绿、黑、黄、蓝、白、灰等颜色。表4-4-3所示为按钮帽颜色的含义。

表4-4-3 按钮帽颜色的含义

颜　色	含　义	举　例
红	处理事故	紧急停机 扑灭燃烧
红	"停止"或"断电"	正常停机 停止一台或多台电动机 装置的局部停机 切断一个开关 带有"停止"或"断电"功能的复位
绿	"启动"或"通电"	正常启动 启动一台或多台电动机 装置的局部启动 接通一个开关装置（投入运行）
黄	参与	防止意外情况 参与抑制反常的状态 避免不需要的变化（事故）
蓝	上述颜色未包含的任何指定用意	凡红、黄和绿色未包含的用意，皆可用蓝色
黑、灰、白	无特定用意	除单功能的"停止"或"断电"按钮外的任何功能

3）选用原则

（1）根据用途选择按钮的形式，如紧急式、钥匙式、指示灯式等。

（2）根据使用环境选择按钮的类型，如开启式、防水式、防腐式。

（3）按工作状态和工作情况的要求选择按钮的颜色。

4）故障处理

按钮的常见故障及其处理方法如表4-4-4所示。

表4-4-4 按钮的常见故障及其处理方法

故障现象	产生原因	处理方法
按下启动按钮时有触电感觉	（1）按钮的防护金属外壳与连接导线接触 （2）按钮帽的缝隙间充满铁屑，使其与导电部分形成通路	（1）检查按钮内连接导线 （2）清理按钮及触点
按下启动按钮，不能接通电路，控制失灵	（1）接线头脱落 （2）触点磨损松动，接触不良 （3）动触点弹簧失效，使触点接触不良	（1）检查启动按钮连接线 （2）检修触点或调换按钮 （3）重绕弹簧或调换按钮
按下停止按钮，不能断开电路	（1）接线错误 （2）尘埃或机油、乳化液等流入按钮形成短路 （3）绝缘击穿短路	（1）更改接线 （2）清扫按钮并相应采取密封措施 （3）调换按钮

2. 行程开关

行程开关，又称限位开关或位置开关，它可以完成行程控制或限位保护。其作用与按钮相同，只是其触点的动作不是靠手指按压（手动操作），而是利用生产机械某些运动部件上的挡块碰撞或碰压使触点动作，以此来实现接通或分断某些电路，使之达到一定的控制要求。行程开关常用于限制机械运动的位置或行程，使运动机械按一定的位置或行程实现自动运行、反向或变速等运动。

1）结构与电气符号

行程开关由操作头、触点系统和外壳三部分组成。操作头是开关的感测部分，用以接收生产机械发出的动作信号，并将此信号传递到触点系统。触点系统是行程开关的执行部分，它将操作头传来的机械信号通过机械可动部分的动作，变换为电信号，输出到有关控制电路，实现其相应的电气控制。

行程开关的实物图及其结构示意图如图 4-4-8 所示，行程开关的电气符号如图 4-4-9 所示。

（a）实物图

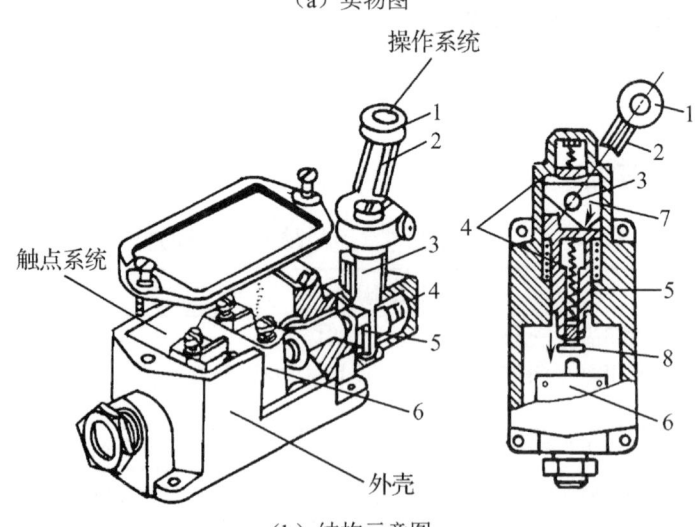

（b）结构示意图

1—滚轮；2—杠杆；3—转轴；4—复位弹簧；5—撞块；6—微动开关；7—凸轮；8—调节螺钉

图 4-4-8　行程开关的实物图及其结构示意图

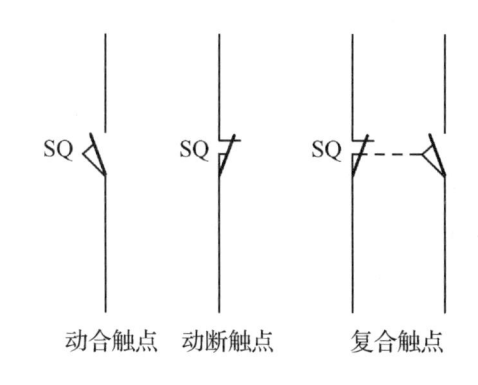

```
    SQ\      SQ\      SQ\--\

  动合触点   动断触点   复合触点
```

图 4-4-9 行程开关的电气符号

2）工作原理

各种系列的行程开关其基本结构大体相同，都是由操作头、触点系统和外壳组成。操作头接受机械设备发出的动作指令或信号，并将其传递到触点系统，触点再将操作头传递来的动作指令或信号通过本身的结构功能变成电信号，输出到有关控制回路，使之做出必要的反应。

3）选用原则与使用

在选用时，应根据不同的使用场合，满足额定电压、额定电流、复位方式和触点数量等方面的要求。

（1）根据应用场合及控制对象选择位置开关的种类。

（2）根据安装环境选择防护形式，如开启式或保护式。

（3）根据控制电路的电压和电流选择位置开关的额定电压或额定电流。

（4）根据机械与位置开关的传力与位移关系选择合适的头部形式。

使用行程开关时应注意以下几点。

（1）行程开关安装时位置要准确，否则不能达到位置控制和限位的目的。

（2）应定期检查行程开关，以免触点接触不良而达不到位置控制和限位的目的。

4）故障处理

行程开关的常见故障及其处理方法如表 4-4-5 所示。

表 4-4-5　行程开关的常见故障及其处理方法

故障现象	产生原因	修理方法
挡铁碰撞开关，触点不动作	（1）开关位置安装不当 （2）触点接触不良 （3）触点连接线脱落	（1）调整开关的位置 （2）清洗触点 （3）紧固连接线
位置开关复位后，动断触点不能闭合	（1）触杆被杂物卡住 （2）动触点脱落 （3）弹簧弹力减退或被卡住 （4）触点偏斜	（1）清扫开关 （2）重新调整动触点 （3）调换弹簧 （4）调换触点
杠杆偏转后触点未动	（1）行程开关位置太低 （2）机械卡阻	（1）将开关向上调到合适位置 （2）打开后盖清扫开关

四、永磁感应器

永磁感应器又称电梯感应开关,用于电梯平层限位控制。产品接点用防酸、防潮结构的真空继电器,在磁场的作用下动作,不需要电源工作,能控制直流和交流 380 V 以下的电源电压。感应器机械寿命小于或等于 12 万次。

永磁感应器如图 4-4-10 所示,永磁感应器电气符号如图 4-4-11 所示。

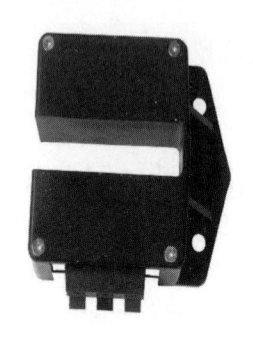

图 4-4-10　永磁感应器　　　　　　　　图 4-4-11　永磁感应器的电气符号

永磁感应器由塑料盒、永久磁铁和干簧管三部分组成。永磁感应器结构如图 4-4-12 所示。图 4-4-12(a)所示为未放入永久磁铁 3 时,干簧管 2 由于没有受到外力的作用,图 4-4-12(d)所示的动合触点 a 和 b 是断开的,动断触点 b 和 c 是闭合的。图 4-4-12(b)表示把永久磁铁 3 放进感应器后,干簧管的动合触点 1 和 2 闭合,动断触点 2 和 3 断开,这一情况相当于电磁继电器得电动作。图 4-4-12(c)表示当外界把一块具有高磁导率的铁板(隔磁板)插入永久磁铁和干簧管之间时,由于永久磁铁所产生的磁场被隔磁板旁路,干簧管的触点失去外力的作用,恢复图 4-4-12(d)所示的状态。

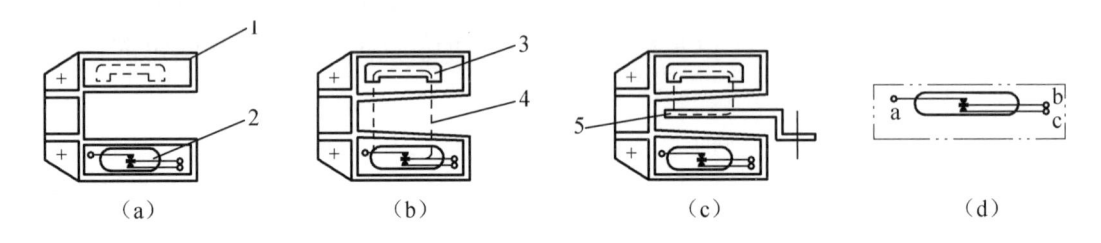

图 4-4-12　永磁感应器的结构示意图

五、熔断器

熔断器是一种利用熔化作用而切断电路的保护电器。在使用时,熔断器串接在所保护的电路中,当电路发生短路或严重过载时,熔断器的熔体自身发热而熔断,从而分断电路的电器,使导线和电气设备不被损坏。熔断器主要用于短路保护。

熔断器如图 4-4-13 所示,熔断器的电气符号如图 4-4-14 所示。

(a) 螺旋式　　　　　　(b) 填料封闭管式　　　　(c) 跌落式熔断器

图 4-4-13　熔断器

图 4-4-14　熔断器的电气符号

1. 工作原理

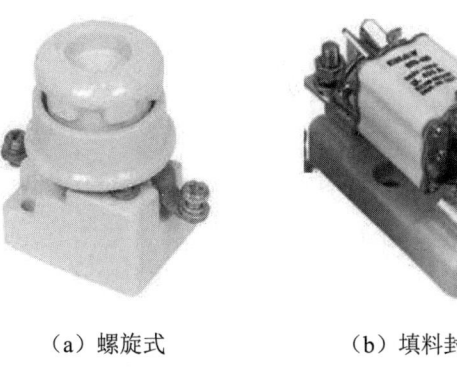

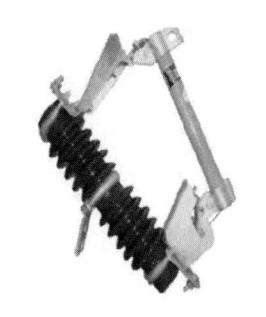

熔断器的金属熔体是一个易于熔断的导体。当电路发生过负荷或短路故障时,通过熔体的电流增大,过负荷电流或短路电流对熔体加热,熔体由于自身温度超过熔点,在被保护设备的温度未达到破坏其绝缘之前熔化,将电路切断,从而使线路中的电气设备得到保护。

2. 结构组成

(1) 熔体:熔体在电路正常工作时起导通电路的作用,在故障情况下先熔化,从而切断电路,实现对其他设备的保护。

(2) 熔断体:熔断体用于安装和拆卸熔体,常采用触点的形式。

(3) 底座:底座用于实现各导电部分的绝缘和固定。

(4) 熔管:熔管用于放置熔体,限制熔体电弧的燃烧范围,并可灭弧。

(5) 充填物:充填物一般采用固体石英砂,用于冷却和熄灭电弧。

(6) 熔断指示器:熔断指示器用于反映熔体的状态,即完好或已熔断。

3. 选用原则

熔断器有不同的类型和规格。对熔断器的要求是,在电气设备正常运行时,熔体应不熔断;在出现短路故障时,熔体应立即熔断;在电流发生正常变动(如电动机启动过程)时,熔体应不熔断;在用电设备持续过载时,熔体应延时熔断。因此,对熔断器的选用主要考虑熔断器类型、熔断器额定电压、熔断器额定电流和熔体的额定电流。

1) 熔断器类型的选用

根据使用环境、负载性质和短路电流的大小选用适当类型的熔断器。例如,对于容量较小的照明电路,可选用 RT 系列圆筒帽形熔断器或 RC1A 系列瓷插式熔断器;对于短路电流相当大或有易燃气体的地方,应选用 RT 系列有填料封闭管式熔断器;在机床控制线路中,多选用 RL 系列螺旋式熔断器;用于半导体功率元件及晶闸管的保护时,应选用 RS

或 RLS 系列快速熔断器。

2）熔断器额定电压和额定电流的选用

（1）熔断器的额定电压必须等于或大于线路的额定电压。

（2）熔断器的额定电流必须等于或大于所装熔体的额定电流。

（3）熔断器的分断能力应大于电路中可能出现的最大短路电流。

3）熔体额定电流的选用

（1）对于照明和电热等电流较平稳、无冲击电流负载的短路保护，熔体的额定电流应等于或稍大于负载的额定电流，一般取 $I_{RN}=1.1I_N$。

（2）对于一台不经常启动且启动时间不长的电动机的短路保护，熔体的额定电流 I_{RN} 应大于或等于 1.5～2.5 倍电动机额定电流 I_N，即

$$I_{RN} \geq (1.5\sim2.5)I_N$$

（3）对于一台启动频繁且连续运行的电动机的短路保护，熔体的额定电流 I_{RN} 应大于或等于 2.5～3 倍电动机额定电流 I_N，即

$$I_{RN} \geq (2.5\sim3)I_N$$

（4）对于多台电动机的短路保护，熔体的额定电流应大于或等于其中最大容量电动机的额定电流 I_{Nmax} 的 1.5～2.5 倍，加上其余电动机额定电流的总和 $\sum I_N$，即

$$I_{RN} \geq (1.5\sim2.5)I_{Nmax} + \sum I_N$$

4）熔断器额定电流和电压的选用

可选取 RL1-60/20 型熔断器，其额定电流为 60 A，额定电压为 500 V。

六、接触器

接触器是一种用于中远距离频繁地接通与断开交、直流主电路及大容量控制电路的一种自动开关电器。它具有操作频率高、使用寿命长、工作可靠、性能稳定、结构简单、维护方便等优点。因此，接触器在电力拖动控制系统中获得广泛的应用。

接触器按驱动触点系统的动力可分为电磁式接触器、气动接触器、液压接触器等，其中以电磁式接触器应用最为普遍。

接触器的实物图和电气符号如图 4-4-15 所示。

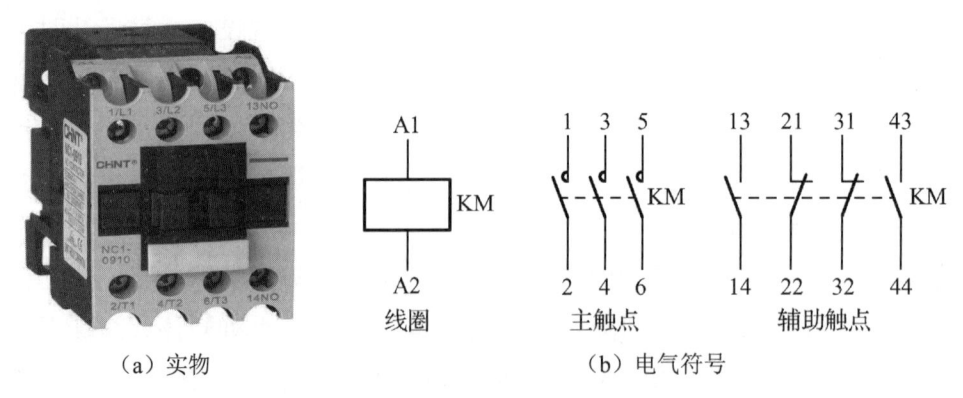

（a）实物　　　　　　　　（b）电气符号

图 4-4-15　接触器实物图和电气符号

1. 结构原理及电气符号

（1）电磁式接触器的主要结构由电磁机构、触点系统、灭弧装置和其他部件组成。

① 电磁机构。电磁机构由线圈、动铁芯（衔铁）和静铁芯组成，其作用是将电磁能转换成机械能，产生电磁吸力带动触点动作。

② 触点系统。触点系统包括主触点和辅助触点。主触点用于通断主电路，通常为三对动合触点。辅助触点用于控制电路，起电气联锁作用，故又称联锁触点，一般动合触点、动断触点各两对。

③ 灭弧装置。容量在 10 A 以上的接触器都有灭弧装置。对于小容量的接触器，常采用双断口触点灭弧、电动力灭弧、相间弧板隔弧及陶土灭弧罩灭弧。对于大容量的接触器，采用纵缝灭弧罩及栅片灭弧。

④ 其他部件。其他部件包括反作用弹簧、缓冲弹簧、触点压力弹簧、传动机构及外壳等。

（2）工作原理如下。线圈通电后，在铁芯中产生磁通及电磁吸力。此电磁吸力克服弹簧反力使衔铁吸合，带动触点机构动作，动断触点打开，动合触点闭合，互锁或接通线路。线圈失电或线圈两端电压显著降低时，电磁吸力小于弹簧反力，使衔铁释放，触点机构复位，断开线路或解除互锁。

电磁式接触器的结构示意图如图 4-4-16 所示。

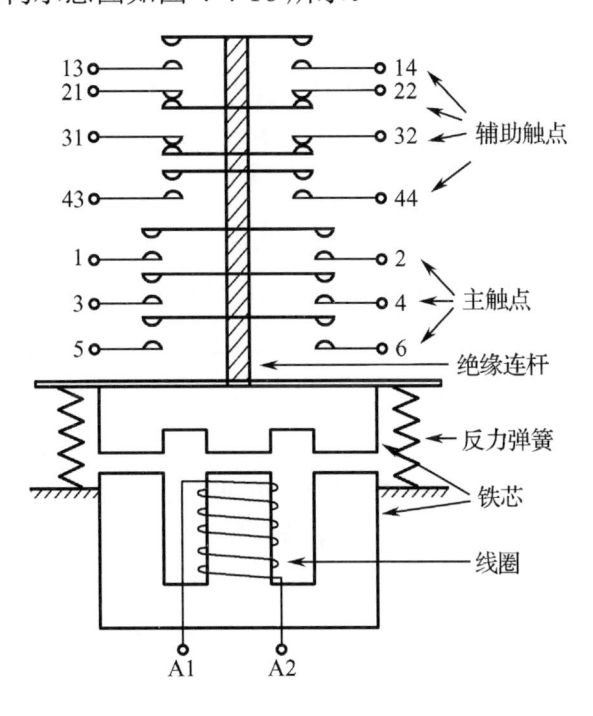

图 4-4-16 电磁式接触器的结构示意图

2. 接触器的主要技术参数

接触器的主要技术参数有极数和电流种类、额定工作电压和额定工作电流（或额定控制功率）、额定通断能力、线圈额定电压、允许操作频率、机械寿命和电寿命、接触器线圈的启动功率和吸持功率、使用类别等。接触器的常见使用类别和典型用途如表 4-4-6 所示。

表 4-4-6 接触器的常见使用类别和典型用途

电流种类	使用类别	典型用途
AC（交流）	AC1	无感或微感负载、电阻炉
	AC2	绕线转子异步电动机的启动、制动
	AC3	笼型异步电动机的启动、运转中分断
	AC4	笼型异步电动机的启动、反接制动、反向和点动
DC（直流）	DC1	无感或微感负载、电阻炉
	DC2	并励电动机的启动、反接制动和点动
	DC3	串励电动机的启动、反接制动和点动

3．接触器的选用

接触器使用广泛，但根据不同的使用场合及控制对象，接触器的操作条件与工作繁重程度也不同。为保证接触器可靠运行并充分发挥其技术经济效果，应遵循以下原则选用接触器。

（1）类型的选择。接触器的类型有交流接触器和直流接触器两类，应根据主触点接通或分断电路的电流性质来选择直流接触器还是交流接触器。根据接触器所控制负载的工作任务来选择相应使用类型的接触器，如负载为一般任务则选用 AC-3 使用类型；负载为重任务时选用 AC-4 使用类型。

（2）操作频率的选择。操作频率是指接触器每小时通断的次数。当通断电流较大及通断频率较高时，会使触点过热甚至熔焊。操作频率若超过规定值，则应选用额定电流大一级的接触器。

（3）额定电流和额定电压的选择。主触点的额定电流（或电压）应大于或等于负载电路的额定电流（或电压）；吸引线圈的额定电压则应根据控制电路的电压来选择；当电路简单、使用电器较少时，可选用 380 V 或 220 V 电压的线圈；若线路较复杂、使用电器超过 5 个小时，则应选用 110 V 及以下电压等级的线圈。

使用接触器时应注意以下几个方面。

① 接触器安装前应先检查线圈的额定电压是否与实际需要相符。

② 接触器的安装多为垂直安装，其倾斜角不得大于 5°，否则会影响接触器的动作特性；安装有散热孔的接触器时，应将散热孔放在上下位置，以降低线圈的温升。

③ 接触器安装与接线时应将螺钉拧紧，以防振动松脱。

④ 定期检查接触器的零件，要求可动部分灵活，紧固件无松动，对损坏的零部件应及时修理或更换。

⑤ 保持触点表面的清洁，不允许沾有油污。

⑥ 避免碰撞造成灭弧罩损坏，接触器不允许在去掉灭弧罩的情况下使用，因为这样很可能发生相间短路。

4．故障处理

交流接触器的常见故障及其处理方法如表 4-4-7 所示。

表 4-4-7　交流接触器的常见故障及其处理方法

故 障 现 象	产 生 原 因	处 理 方 法
接触器不吸合或吸不牢	（1）电源电压过低 （2）线圈断路 （3）线圈技术参数与使用条件不符 （4）铁芯机械卡阻	（1）调高电源电压 （2）调换线圈 （3）调换线圈 （4）排除卡阻物
线圈断电，接触器不释放或释放缓慢	（1）触点熔焊 （2）铁芯极面有油污 （3）触点弹簧压力过小或复位弹簧损坏 （4）机械卡阻	（1）排除熔焊故障，修理或更换触点 （2）清理铁芯极面 （3）调整触点弹簧力或更换复位弹簧 （4）排除卡阻物
触点熔焊	（1）操作频率过高或过负载使用 （2）负载侧短路 （3）触点弹簧压力过小 （4）触点表面有电弧灼伤 （5）机械卡阻	（1）调换合适的接触器或减小负载 （2）排除短路故障更换触点 （3）调整触点弹簧压力 （4）清理触点表面 （5）排除卡阻物
铁芯噪声过大	（1）电源电压过低 （2）短路环断裂 （3）铁芯机械卡阻 （4）铁芯极面有油污或磨损不平 （5）触点弹簧压力过大	（1）检查电路并提高电源电压 （2）调换铁芯或短路环 （3）排除卡阻物 （4）用汽油清洗极面或更换铁芯 （5）调整触点弹簧压力
线圈过热或烧毁	（1）线圈匝间短路 （2）操作频率过高 （3）线圈参数与实际使用条件不符 （4）铁芯机械卡阻	（1）更换线圈并找出故障原因 （2）调换合适的接触器 （3）调换线圈或接触器 （4）排除卡阻物

七、继电器

继电器是一种电子控制器件，它具有控制系统（又称输入回路）和被控制系统（又称输出回路），通常应用于自动控制电路中。实际上，它是用较小的电流去控制较大电流的一种"自动开关"，故在电路中起着自动调节、安全保护、转换电路等作用。

继电器的种类很多，按输入量可分为电压继电器、电流继电器、时间继电器、速度继电器、压力继电器等；按工作原理可分为电磁式继电器、感应式继电器、电动式继电器、电子式继电器等；按用途可分为控制继电器、保护继电器等。

本节将介绍常用的热继电器、中间继电器和时间继电器。

1. 热继电器

热继电器是一种利用电流热效应原理工作的电器，主要用于电气设备（主要是电动机）的过载保护，即在电动机超负荷时自动切断电源，从而保护电路。

电动机在拖动生产机械进行工作的过程中，若机械出现不正常的情况或电路异常使电动机遇到过载，则电动机转速下降、绕组中的电流将增大，使电动机的绕组温度升高。若过载电流不大且过载的时间较短，电动机绕组不超过允许温升，这种过载是允许的。但若过载时间长，过载电流大，电动机绕组的温升就会超过允许值，使电动机绕组老化，缩短电动机的使用寿命，严重时甚至会使电动机绕组烧毁。所以，这种过载是电动机不能承受的。热继电器就是利用电流的热效应原理，在电动机不能承受过载时切断电动机电路，为电动机提供过载保护的保护电器。

热继电器如图 4-4-17 所示，热继电器的电气符号如图 4-4-18 所示。

图 4-4-17 热继电器

图 4-4-18 热继电器的电气符号

（a）热元件　　（b）动断触点

1）主要技术参数

（1）额定电压：热继电器能够正常工作的最高电压值，一般为交流 220 V、380 V、600 V。

（2）额定电流：热继电器的额定电流主要是指通过热继电器的电流。

（3）额定频率：一般而言，其额定频率按照 45～62 Hz 设计。

（4）整定电流范围：整定电流由本身的特性来决定。它描述的是在一定电流条件下热继电器的动作时间和电流的平方成正比。

2）选择使用

热继电器主要用于保护电动机的过载，因此选用时必须了解电动机的情况，如工作环境、启动电流、负载性质、工作制、允许过载能力等。

（1）原则上应使热继电器的安秒特性尽可能接近甚至重合电动机的过载特性，或者在电动机的过载特性之下，同时在电动机短时过载和启动的瞬间，热继电器应不受影响。

（2）当热继电器用于保护长期工作制或者间断长期工作制的电动机时，一般按电动机的额定电流来选用，如热继电器的整定值与等于电动机的额定电流的 95%～105%。

（3）当热继电器用于保护反复短时工作制的电动机时，热继电器仅有一定范围的适应性。如果短时间内操作次数很多，就要选用带速饱和电流互感器的热继电器。

（4）对于正反转和通断频繁的特殊工作制电动机，不宜采用热继电器作为过载保护装置，而应使用温度继电器或者热敏电阻来保护。

2．中间继电器

中间继电器用于继电保护与自动控制系统中，以增加触点的数量及容量。它用于在控制电路中传递中间信号。中间继电器的结构和原理与交流接触器基本相同，与接触器的主要区别是，接触器的主触点可以通过大电流，而中间继电器的触点只能通过小电流。所以，中间继电器只能用于控制电路中。中间继电器是没有主触点的，因为过载能力比较小，所以它用的全部都是辅助触点，数量比较多。

常用的中间继电器主要有 JZ7 系列和 JZ8 系列，后者是交直流两用的。在选用中间继电器时，主要是考虑电压等级及动合触点和动断触点的数量中间继电器如图 4-4-19 所示。中间继电器的电气符号如图 4-4-20 所示。

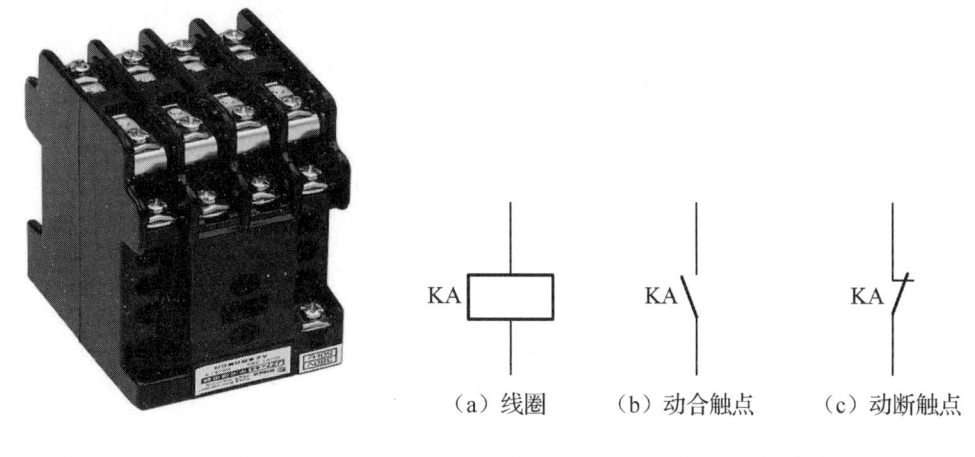

（a）线圈　　（b）动合触点　　（c）动断触点

图 4-4-19　中间继电器　　　　图 4-4-20　中间继电器的电气符号

3. 断相与相序保护继电器

断相保护器是为了保护电机不会缺相运行，因此断相保护器又称电动机断相保护器或者电源源相保护器，一般多用在三相电动机电路上，如果缺少一路电，电动机扭力会变小，转子转速会下降，从而导致其他两路电流增大，烧毁电机绕组。它的原理就是通过不同手段，对三相电进行监控，如有断路情况，就会自动切断电源，避免烧毁绕组。相序保护器是为了相线之间调换位置改变相序。一般情况下，电动机工作的接线顺序是有规定的，如果由于某种原因，导致相序发生错乱，电动机将无法正常工作，甚至损坏。相序保护就是为了防止这类事故发生。相序保护可采用相序继电器，当电路中相序与指定相序不符时，相序继电器将触发动作，切断控制电路的电源，从而达到切断电动机电源、保护电动机的目的。断相与相序保护继电器及其电气符号如图 4-4-21 所示。

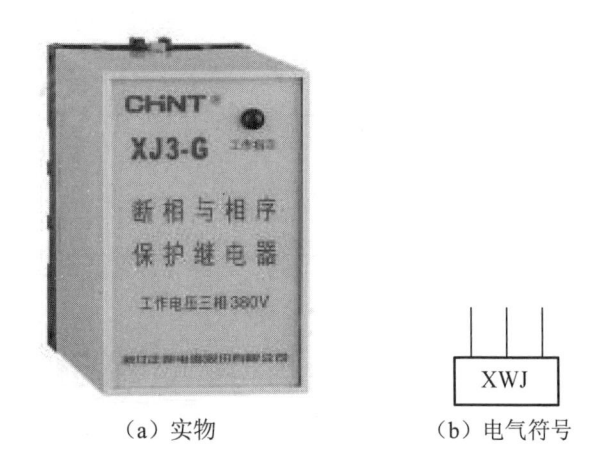

（a）实物　　　　（b）电气符号

图 4-4-21　断相与相序保护继电器及其电气符号

任务实施

1. 认真观察电梯机房的电气控制柜，了解各个电气元件的安装位置、整体布局。

2. 要求叙述各低压继电器的功能作用、结构原理，画出各低压继电器的电气符号，并绘制控制柜电气元件一览表。

3. 教师操作模拟电梯实训设备，根据出现故障现象，运用所学的知识，对电器元件进行检修处理。要求每位学生至少检修 3 个低压继电器故障，并填写如表 4-4-8 所示的常用低压继电器维修单。

表 4-4-8　常用低压继电器维修单

序号	低压继电器	故 障 现 象	分析产生原因	处 理 方 法	处 理 结 果
1	启动按钮	按下去不能复位或按下时有触电感觉			
2	接触器	闭合时触点有较大火花或运行时铁芯噪声过大			
3	行程开关	失效或不能复位			
4	空气开关	当动作后不能推复位或发生事故时失效			
5	热继电器	过载后不动作或不能复位			
维修日期：				维修人：	

任务评价

通过以上学习，根据任务实施过程，填写如表 4-4-9 所示的任务评价表，完成任务评价。

表 4-4-9　任务评价表

班级		学号		姓名		
序号	评价内容				要求	评分
1	能正确叙述各常用低压继电器的功能作用				正确（20 分）	
2	能熟练画出各常用低压继电器的电气符号				熟练正确（30 分）	
3	能简述各常用低压继电器的结构原理				思路清晰（30 分）	
4	能运用所学知识，对常用低压继电器进行检修处理				正确处理（20 分）	
教师评语					总分	

任务 5　电梯电气图的绘制

任务呈现

在实际生产过程中，运行设备出故障是必然的，因此维修人员要经常对电气设备进行维护。不同电气设备的控制线路不同，这时维修人员就需要该设备的电路图。只有根据电气原理图正确分析、了解设备的原理才能维修。电气控制电路图是根据国家电气制图标准，用规定的图形符号、文字符号及规定的画法绘制的。设备的电气图一般包括布置图、安装接线图及电气原理图。电气设备图纸的绘制一般是先设计电气原理图，再画布置图，然后画安装接线图。考虑到实际情况，我们先画布置图，再画安装接线图，然后借助辅助参考资料画电气原理图。

任务要求：通过学习基本知识对照实物 APM 继电器控制系统电梯完成绘制元件布置图、安装接线图及电气原理图。

知识准备

一、图形符号和文字符号

在电气控制系统电路图中，电气元件应用的图形符号和文字符号必须符合国家标准，国家标准是在参照国际电工委员会和国际标准化组织所颁布标准的基础上制定的。近年来，有关电气图形符号和文字符号的国家标准变化较大。当前推行的最新标准是国家标准局颁布的《电气简图用图形符号》（GB/T 4728.1—2018～GB/T 4728.13—2018）、《电气技术用文件的编制》（GB/T 6988.1—2006～GB/T 6988.5—2006）。

要读懂电气控制系统图的基础就是要熟悉和明确有关电气图的图形符号和文字符号所表达的内容和含义。

1. 图形符号

图形符号是指用于图样或其他文件以表示一个设备或概念的图形、标记或字符。图形符号是通过书写、绘制、印刷或其他方法产生的可视图形，是一种以简明易懂的方式来传递一种信息，表示一个实物或概念，并可提供有关条件、相关性及动作信息的工业语言。电气图中应用的图形符号由一般符号、符号要素、限定符号等组成。

2. 文字符号

电气控制系统电路图中的文字符号分为基本文字符号和辅助文字符号。

基本文字符号分单字母符号和双字母符号。单字母符号：用拉丁字母将各种电气设备、装置和元器件划分为 23 大类，每大类用一个专用单字母符号表示，如 R 为电阻器，Q 为电力电路的开关器件类，F 为用于防护的系统和设备等。双字母符号：表示种类的单字母与另一字母组成，其组合形式以单字母符号在前，另一个字母在后的次序列出。双字母符号中的另一个字母通常选用该类设备、装置和元器件的英文名词的首位字母，或常用缩略语，或约定俗成的习惯用字母。

辅助文字符号用来表示电气设备、装置和元器件及线路的功能、状态和特性，通常也是由英文单词的前一两个字母构成。它一般放在基本文字符号后边，构成组合文字符号。表 4-5-1 所示为常见元件的图形符号和文字符号一览表。

表 4-5-1　常见元件的图形符号和文字符号一览表

类别	名称	图形符号	文字符号	类别	名称	图形符号	文字符号
开关	单极控制开关		SA	位置开关	动合触点		SQ
	手动开关一般符号		SA		动断触点		SQ
	三极控制开关		QS		复合触点		SQ
	三极隔离开关		QS	按钮	启动按钮		SB
	三极负荷开关		QS		停止按钮		SB
	组合旋钮开关		QS		复合按钮		SB
	低压断路器		QF		急停按钮		SB
	控制器或操作开关		SA		钥匙操作式按钮		SB
接触器	线圈操作器件		KM	热继电器	热元件		FR
	动合主触点		KM		动断触点		FR
	动合辅助触点		KM	中间继电器	线圈		KA
	动断辅助触点		KM		动合触点		KA

续表

类别	名称	图形符号	文字符号	类别	名称	图形符号	文字符号
时间继电器	通电延时（缓吸）线圈		KT	电流继电器	动断触点		KA
	断电延时（缓放）线圈		KT		过电流线圈	$I>$	KA
	瞬时闭合的动合触点		KT		欠电流线圈	$I<$	KA
	瞬时断开的动断触点		KT		动合触点		KA
	延时闭合的动合触点	或	KT		动断触点		KA
	延时断开的动断触点	或	KT	电压继电器	过电压线圈	$U>$	KV
	延时闭合的动断触点	或	KT		欠电压线圈	$U<$	KV
	延时断开的动合触点	或	KT		动合触点		KV
电磁操作器	电磁铁的一般符号	或	YA		动断触点		KV
	电磁吸盘		YH	电动机	鼠笼式三相异步电动机	$\begin{matrix}M\\3\sim\end{matrix}$	M
	电磁离合器		YC		三相绕线转子异步电动机	$\begin{matrix}M\\3\sim\end{matrix}$	M
	电磁制动器		YB		他励直流电动机	M	M

续表

类别	名称	图形符号	文字符号	类别	名称	图形符号	文字符号
非电量控制的继电器	电磁阀		YV		并励直流电动机		M
	速度继电器动合触点		KS		串励直流电动机		M
	压力继电器动合触点		KP	熔断器	熔断器		FU
发电机	发电机		G	变压器	单相变压器		TC
	直流测速发电机		TG		三相变压器		TM
灯	信号灯（指示灯）		HL	互感器	电压互感器		TV
	照明灯		EL		电流互感器		TA
接插器	插头和插座	或	X 插头 XP 插座 XS		电抗器		L

二、电气原理图

电气原理图是表达所有电气控制线路的工作原理、各元件的作用及元件间的相互关系的图样。电气原理图是电气控制系统的安装调试、使用维修时的重要技术文件。电气原理图只包括所有电气元件的导电部分和接线端点之间的相互关系，并不考虑电气元件的实际安装位置和导线连接情况，也不反映电气元件的大小。

1．概述

电气原理图一般分主电路和辅助电路两部分。主电路是电气控制线路中大电流通过的部分，包括从电源到电动机之间相连的电器元件，一般由组合开关、主熔断器、接触器主触点、热继电器的热元件和电动机等组成。辅助电路是控制线路中除主电路以外的电路，其流过的电流比较小。辅助电路包括控制电路、照明电路、信号电路和保护电路。其中，控制电路是由按钮、接触器和继电器的线圈及辅助触点、热继电器触点、保护电器触点等组成。

2. 绘制电气原理图的原则

以图 4-5-1 所示的某机床的电气原理图为例，说明绘制电气原理图时一般要遵循以下基本规则。

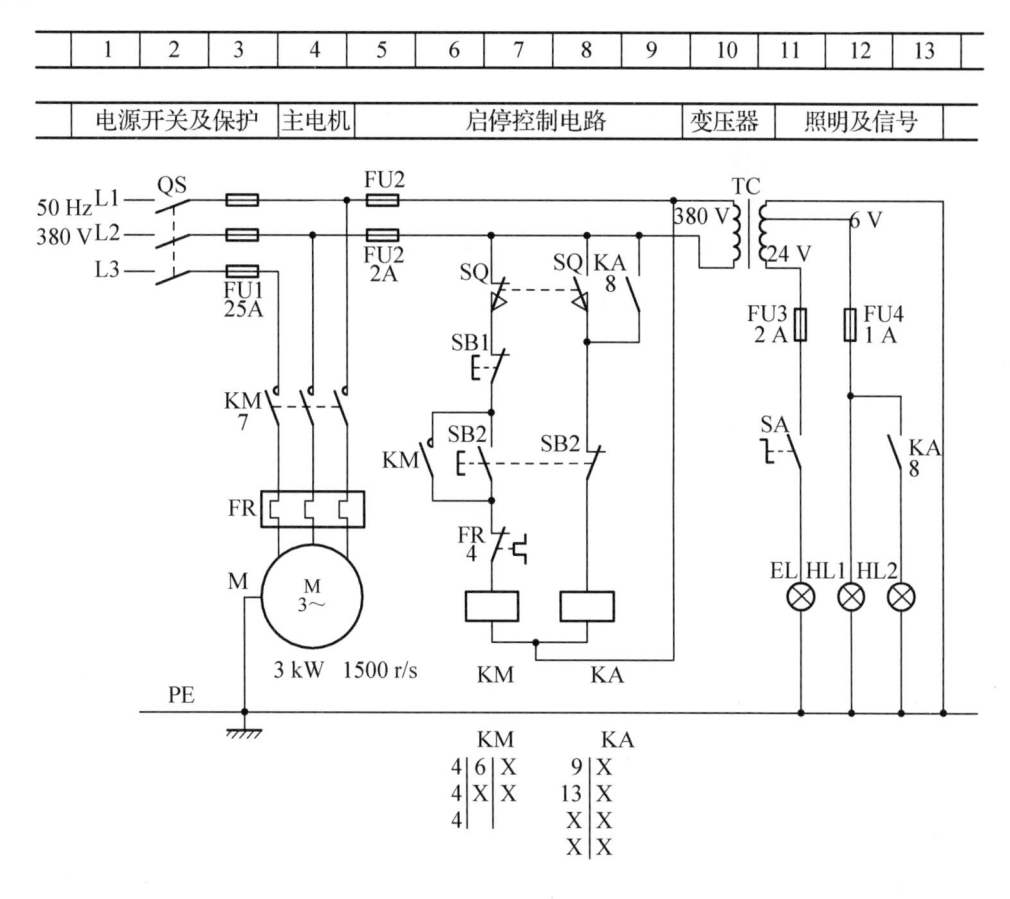

图 4-5-1 某机床的电气原理图

（1）电气原理图中所有电器元件都应采用国家标准中统一规定的图形符号和文字符号表示。

（2）主电路和辅助电路应分开绘制。主电路是设备的驱动电路，是大电流从电源到电动机的通过路径；辅助电路包括控制电路、信号、照明、保护电路，其中控制电路是由接触器和继电器线圈、各种电器的触点组成的逻辑电路，实现所要求的控制功能。

（3）电气原理图中，电器元件的布局应根据便于阅读原则安排。主电路安排在图面左侧或上方，辅助电路安排在图面右侧或下方。无论主电路还是辅助电路，均按功能布置，尽可能按动作顺序从上到下、从左到右排列。

（4）电气原理图中，当同一电器元件的不同部件（如线圈、触点）分散在不同位置时，为了表示是同一元件，要在电器元件的不同部件处标注统一的文字符号。对于同类器件，要在其文字符号后加数字序号来区别。例如，两个接触器，可用 KM1、KM2 文字符号区别。

（5）电气原理图中，所有电器的可动部分均按没有通电或没有外力作用时的状态画出。在不同的工作阶段，由于各个电器的动作不同，触点时闭时开，而在电气原理图中只能表示出一种情况，因此规定所有电器的触点均表示在原始情况下的位置，即在没有通电或没有发生机械动作时的位置。对接触器来说，是线圈未通电、触点未动作时的位置；对按钮来说，是手指未按下按钮时触点的位置；对热继电器来说，是动断触点在未发生过载动作时的位置等。

（6）电气原理图中，应尽量减少线条和避免线条交叉。各导线之间有电联系时，在导线交点处画实心圆点。根据图面布置需要，可以将图形符号旋转绘制，一般逆时针方向旋转 90°，但文字符号不可倒置。

（7）触点的绘制位置。使触点动作的外力方向：当图形垂直放置时为从左到右，即垂线左侧的触点为动合触点，垂线右侧的触点为动断触点；当图形水平放置时为从下到上，即水平线下方的触点为动合触点，水平线上方的触点为动断触点。

（8）在原理图的上方将图分成若干图区，并标明该区电路的用途与作用；在继电器、接触器线圈下方列有触点表，以说明线圈和触点的从属关系。

3．图面区域的划分及符号位置的索引

为了便于检索电气线路和阅读分析，将图面进行区域划分，设立图区编号。图面分区时，竖边从上到下用英文字母，横边从左到右用阿拉伯数字分别编号。分区代号用该区域的字母和数字表示，如 A3、C6 等。图区横向编号的下方对应文字（有时对应文字也可排列在电气原理图的底部）表明了该区元件或电路的功能，有利于理解全电路的工作原理。

在较复杂的电气原理图中，继电器、接触器线圈的文字符号下方要标注其触点位置的索引，而其触点的文字符号下方要标注其线圈位置的索引。符号位置的索引采用图号、页次和图区编号的组合索引法。索引代号的组成如下：当与某一元件相关的各符号元素出现在不同图号的图样上，而每个图号仅有一页图样时，索引代号可以省去页次。当与某一元件相关的各符号元素出现在同一图号的图样上，而该图号有几张图样时，索引代号可省去图号。依次类推，当与某一元件相关的各符号元素出现在只有一张图样的不同图区时，索引代号只用图区号表示。

接触器、继电器的线圈、触点的索引方法如下。

（1）接触器：左栏为主触点所在的图区号，中栏为动合辅助触点所在的图区号，右栏为动断辅助触点所在的图区号。

（2）继电器：左栏为动合触点所在的图区号，右栏为动断触点所在的图区号。

例如，图 4-5-1 所示的某机床的电气原理图，在接触器 KM 触点的位置索引中，左栏为主触点所在的图区号（有三个主触点在图区 4），中栏为动合辅助触点所在的图区号（一个触点在图区 6，另一个没有使用），右栏为动断辅助触点所在的图区号（两个触点都没有使用）；在继电器 KA 触点的位置索引中，左栏为动合触点所在的图区号（一个触点在图区 9，另一个触点在图区 13），右栏为动断触点所在的图区号（四个都没有使用）。

4．电气原理图中技术参数的标注

电气原理图中电气元件的参数和型号（如热继电器动作电流和整定值的标注、导线截

面积等），一般用小号字体标注在元器件文字符号的下面。

三、电气元件布置图

电气元件布置图主要是表明电气设备上所有电器元件的实际位置，为电气设备的安装及维修提供必要的资料。电气元件布置图可根据电气设备的复杂程度集中绘制或分别绘制。图中不需标注尺寸，但是各电器代号应与有关图纸和电器清单上所有的元器件代号相同，在图中往往留有 10%以上的备用面积及导线管（槽）的位置，以供改进设计时使用。

电气元件布置图的绘制原则如下。

（1）绘制电气元件布置图时，机床的轮廓线用细实线或点划线表示，电器元件均用粗实线绘制出简单的外形轮廓。

（2）绘制电气元件布置图时，电动机要和被拖动的机械装置画在一起；行程开关应画在获取信息的地方；操作手柄应画在便于操作的地方。

（3）绘制电气元件布置图时，各电器元件之间，上、下、左、右应保持一定的间距，并且考虑器件的发热和散热因素，应便于布线、接线和检修。

图 4-5-2 所示为某车床的电气元件布置图，图中 FU1~FU4 为熔断器，KM 为接触器，FR 为热继电器，TC 为照明变压器，XT 为接线端子板。

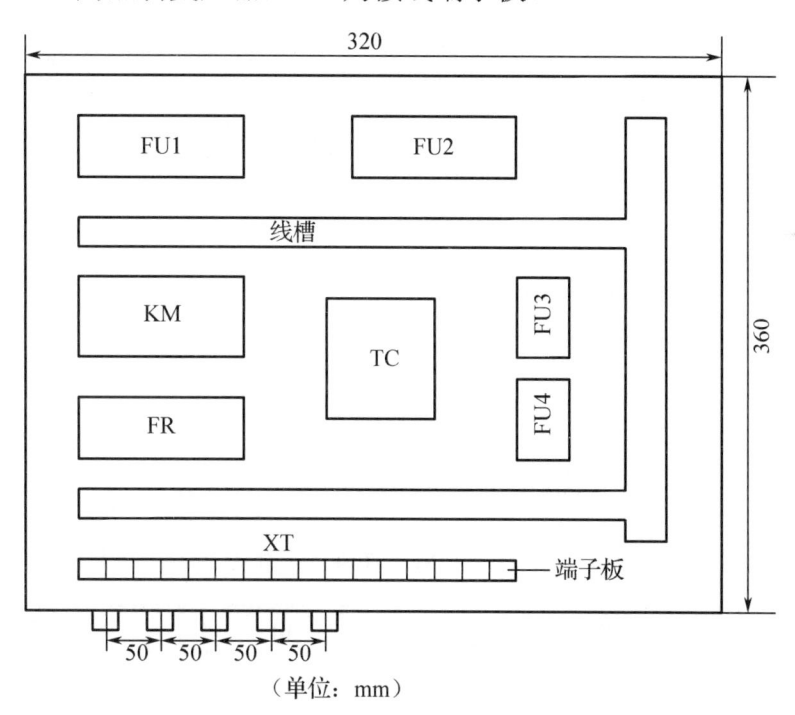

图 4-5-2　某车床的电气元件布置图

四、电气安装接线图

电气安装接线图主要用于电气设备的安装配线、线路检查、线路维修和故障处理。在图中要表示出各电气设备、电器元件之间的实际接线情况，并标注出外部接线所需的数据。

在电气安装接线图中，各电器元件的文字符号、元件连接顺序、线路号码编制都必须与电气原理图一致。

电气安装接线图的绘制原则如下。

（1）绘制电气安装接线图时，各电器元件均按其在安装底板中的实际位置绘出。元件所占图面按实际尺寸以统一比例绘制。

（2）绘制电气安装接线图时，将一个元件的所有部件绘在一起，并用点划线框起来，有时将多个电器元件用点划线框起来，表示它们是安装在同一安装底板上的。

（3）绘制电气安装接线图时，安装底板内外的电器元件之间的连线通过接线端子板进行连接，安装底板上有几条接至外电路的引线，端子板上就应绘出几个线的接点。

（4）绘制电气安装接线图时，走向相同的相邻导线可以绘成一股线。

例如，图 4-5-3 所示为根据上述原则绘制出的某机床的电气安装接线图。

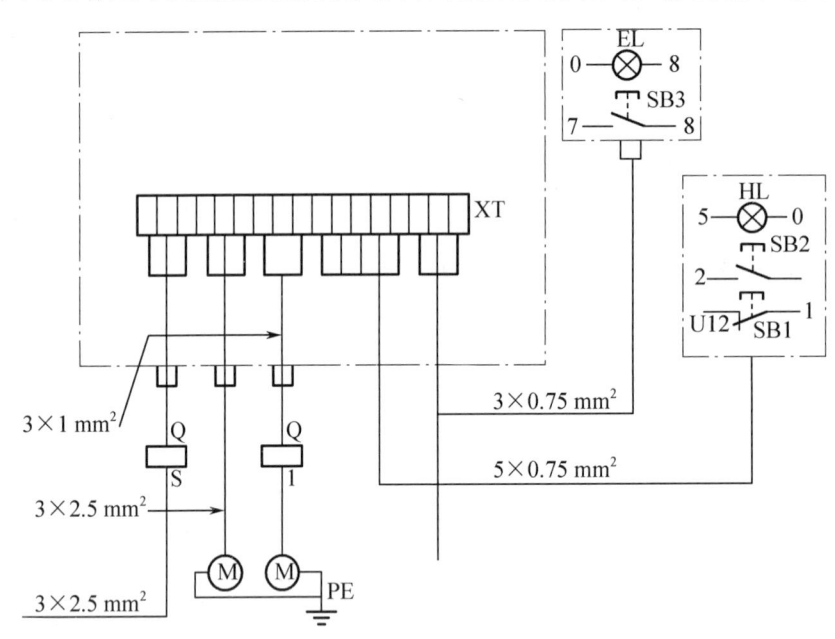

图 4-5-3 某机床的电气安装接线图

电气控制系统图的分类及作用如表 4-5-2 所示。

表 4-5-2 电气控制系统图的分类及作用

电气控制系统图	概 念	作 用	图中内容
电气原理图	是用国家统一规定的图形符号、文字符号和线条连接来表明各个电器的连接关系和电路工作原理的示意图	是分析电气控制原理、绘制及识读电气控制接线图和电器元件位置图的主要依据	电气控制线路中所包含的电器元件、设备、线路的组成及连接关系
电气元件布置图	是根据电器元件在控制板上的实际安装位置，采用简化的外形符号（如方形等）而绘制的一种简图	主要用于电器元件的布置和安装	项目代号、端子号、导线号、导线类型、导线截面等
电气安装接线图	是用来表明电器设备或线路连接关系的简图	是安装接线、线路检查和线路维修的主要依据	电气线路中所含元件及其排列位置，各元件之间的接线关系

五、电梯元件明细表

由于历史及行业的原因，每个不同品牌的继电器控制系统电梯中的电梯元件符号与国家标准的电器元件符号不同，因此有必要学习掌握继电器控制的电梯元件符号。APM 继电器控制电梯线路图元件明细表如表 4-5-3 所示。

表 4-5-3　APM 继电器控制电梯线路图元件明细表

序号	代号	名　称	型号规格	数量	安装位置
1	DC	控制电源接触器	CJ_{10}－10A　　AC220V	1	控制柜
2	ZL	整流器	DC110V　　　5A	1	控制柜
3	KC	快车接触器	CJ_{10}－60A　　AC220V	1	控制柜
4	1KC	快车加速接触器	CJ_{10}－60A　　AC220V	1	控制柜
5	XC	下行接触器	CJ_{10}－60A　　AC220V	1	控制柜
6	SC	上行接触器	CJ_{10}－60A　　AC220V	1	控制柜
7	1ZC	慢车第一制动接触器	CJ_{10}－60A　　AC220V	1	控制柜
8	2ZC	慢车第二制动接触器	CJ_{10}－60A　　AC220V	1	控制柜
9	MC	慢车接触器	CJ_{10}－60A　　AC220V	1	控制柜
10	1RD～15RD	熔断器	RL1－15　　　6A	15	控制柜
11	QL	启动电抗器	KH01　　　三相	1	控制柜
12	M	交流双速电动机	JTD430　　1000/250 转	1	机房
13	ZCQ	制动器线圈	DC110V	1	机房
14	YB	控制变压器	1000VA　　　380 V	1	控制柜
15	XWJ	断相与相序保护继电器	XJ_2　　　380 V	1	控制柜
16	APJ	安全触板继电器	JY16A　　DC110V	1	控制柜
17	TBJ	停车保持继电器	JY16A　　DC110V	1	控制柜
18	HSJ	换速时间继电器	JY16A　　DC110V	1	控制柜
19	MSJ	门联锁继电器	JY16A　　DC110V	1	控制柜
20	1YJ	电压辅助继电器	JY16A　　DC110V	1	控制柜
21	YJ	电压继电器	JY16A　　DC110V	1	控制柜
22	MRJ	慢车热继电器	JR0－40	1	控制柜
23	KRJ	快车热继电器	JR0－40	1	控制柜
24	GZJ	过载继电器	JY16A　　DC110V	1	控制柜
25	DJ	蜂鸣继电器	JY16A　　DC110V	1	控制柜
26	SPJ	上平层继电器	JY16A　　DC110V	1	控制柜
27	XPJ	下平层继电器	JY16A　　DC110V	1	控制柜
28	MQJ	开门区域继电器	JY16A　　DC110V	1	控制柜
29	KJ	快车时间继电器	JY16A　　DC110V	1	控制柜
30	1KSJ	快车加速时间继电器	JS20　　DC110V	1	控制柜
31	1ZSJ	慢车第一制动时间继电器	JS20　　DC110V	1	控制柜
32	2ZSJ	慢车第二制动时间继电器	JS20　　DC110V	1	控制柜

续表

序 号	代 号	名 称	型 号 规 格	数 量	安 装 位 置
33	1LJ～4LJ	层楼继电器	JY16A DC110V	4	控制柜
34	1NJ～4NJ	指令继电器	JY16A DC110V	4	控制柜
35	1SJ～3SJ	厅外上召唤继电器	JY16A DC48V	3	控制柜
36	2XJ～4XJ	厅外下召唤继电器	JY16A DC48V	3	控制柜
37	MJ	检修继电器	DZ415 DC110V	1	控制柜
38	1FJ～4FJ	层楼辅助继电器	DZ415 DC110V	4	控制柜
39	KMJ	开门继电器	DZ415 DC110V	1	控制柜
40	GMJ	关门继电器	DZ415 DC110V	1	控制柜
41	YXJ	运行继电器	DZ412 DC110V	1	控制柜
42	QJ	启动继电器	DZ416 DC110V	1	控制柜
43	SFJ	上方向继电器	DZ414 DC110V	1	控制柜
44	TJ	停车继电器	JY16A DC110V	1	控制柜
45	XFJ	下方向继电器	DZ414 DC110V	1	控制柜
46	GK	三相电源总开关	铁壳开关 380 V 60 A	1	机房
47	DK	单相电源开关	闸刀开关 250 V 10 A	1	机房
48	TSK	基站电源锁开关	LA18－22Y	1	井道
49	NSK	轿内电源锁开关	LA18－22Y	1	轿厢
50	MK	轿顶优先检修开关	钮子开关	1	轿顶
51	JTK	轿内急停开关	JK10A－10	1	轿厢
52	ACK	安全窗开关	LX25－311	1	轿顶
53	AQK	安全钳开关	LX25－311	1	轿顶
54	DTK	轿顶急停开关	LAY－ZS－/22	1	轿顶
55	ZXK	限速器断绳开关	LX21－212	1	井道
56	KTK	底坑急停开关	LAY－ZS－/22	1	井道
57	GZK	过载开关	LX29－7/2	1	轿厢
58	APK	安全触板开关	LX29－7/2	1	轿厢
59	1KMK	开门减速开关	LX29－7/2	1	轿厢
60	KMK	开门限位开关	LX29－7/2	1	轿厢
61	1GMK	关门第一减速开关	LX29－7/2	1	轿厢
62	2GMK	关门第二减速开关	LX29－7/2	1	轿厢
63	GMK	关门限位开关	LX29－7/2	1	轿厢
64	JMK	轿门联锁开关	凸轮门锁开关	1	轿厢
65	1TMK～4TMK	层门联锁开关	凸轮门锁开关	4	井道
66	NZK	轿内照明开关	琴键开关 250 V 5 A	1	轿厢
67	FSK	轿内风扇开关	琴键开关 250 V 5 A	1	轿厢
68	HK	轿内、轿顶转换开关	琴键开关 250 V 5 A	1	轿顶
69	SHK	上方向强迫换速开关	LX－22	1	井道
70	XHK	下方向强迫换速开关	LX－22	1	井道

续表

序号	代号	名称	型号规格	数量	安装位置
71	SDK	上方向限位开关	LX—22	1	井道
72	XDK	下方向限位开关	LX—22	1	井道
73	SJK	上极限开关	LX—22	1	井道
74	XJK	下极限开关	LX—22	1	井道
75	KSC、HSC	电解电容器	CD-13　100 uF	2	控制柜
76	ZR	制动器限流电阻	RXYC-T-100　100 Ω	1	控制柜
77	ZFR	制动器泄放电阻	RXYC-T-50　1.5 kΩ	1	控制柜
78	1SR~3SR	线绕电阻（固定）	RXYC-20　2 kΩ	3	控制柜
79	2XR~4XR	线绕电阻（固定）	RXYC-20　2 kΩ	3	控制柜
80	YJR	可变线绕电阻	RXYC-T-50　1.5 kΩ	2	控制柜
81	KSR、HSR	可变线绕电阻	RXYC-T-50　1.5 kΩ	2	控制柜
82	MDR	开、关门降压电阻	RXYC-T-150　51 Ω	1	轿厢
83	KMR	开门调速电阻	RXYC-T-150　150 Ω	1	轿厢
84	GMR	关门调速电阻	RXYC-T-150　150 Ω	1	轿厢
85	MD	直流门电机	TYPE　3201	1	轿顶
86	1LG~4LG	层楼永磁感应器	YG-1　DC110V	4	井道
87	SPG	上平层感应器	YG-1　DC110V	1	轿顶
88	XPG	下平层感应器	YG-1　DC110V	1	轿顶
89	MQG	开门区域感应器	YG-1　DC110V	1	轿顶
90	TLG	基站感应器	YG-1　DC110V	1	井道
91	KMA	开门按钮	GA 辉光按钮	1	轿厢
92	GMA	关门按钮	GA 辉光按钮	1	轿厢
93	1NA~4NA	内指令按钮	GA 辉光按钮	4	轿厢
94	1SA~3SA	厅外上召按钮	GA 辉光按钮	3	井道
95	2XA~4XA	厅外下召按钮	GA 辉光按钮	3	井道
96	NSA	轿内检修上方向按钮	GA 辉光按钮	1	轿厢
97	NXA	轿内检修下方向按钮	GA 辉光按钮	1	轿厢
98	DSA	轿顶检修上方向按钮	LA19-11　（红色）	1	轿厢
99	DXA	轿顶检修下方向按钮	LA19-11　（绿色）	1	轿厢
100	JLA	警铃按钮	GA 辉光控钮	1	轿厢
101	1ND~4ND	内指令灯	GA-H5　24 V　5 W	4	轿厢
102	1TSD~3TSD	厅外上召唤灯	GA-H5　24 V　5 W	3	井道
103	2TX~4TXD	厅外下召唤灯	GA-H5　24 V　5 W	3	井道
104	1JSD~3JSD	轿内上召唤灯	GA-H5　24 V　5 W	3	轿厢
105	2JXD~4JXD	轿内下召唤灯	GA-H5　24 V　5 W	3	轿厢
106	1~4TD_n	厅外层楼显示灯	GA-H5　24 V　5 W	16	井道
107	JD1~JD4	轿内层楼显示灯	GA-H5　24 V　5 W	4	轿厢
108	SFD、XFD	上、下方向灯	GA-H5　24 V　5 W	8	井道

续表

序 号	代 号	名 称	型号规格	数 量	安装位置
109	GZD	过载指示灯	GA－H5　24 V　5 W	1	轿厢
110	SD	电源指示灯	GA－H5　24 V　5 W	1	轿厢
111	FS	风扇	～220 V	1	轿厢
112	NZD	轿厢照明灯	～220 V	2	轿厢
113	JL	警铃	～220 V	1	轿厢
114	DL	蜂鸣器	～18 V	1	轿厢

任务实施

1. 教师在机房切断总电源，确保断电的情况下，打开控制柜的门，观察其电气元件的分布情况，熟悉各电气元件，并绘制其电气元件布置图。

2. 观察、分析 APM 继电器控制系统电梯各电气元件线路的连接方式，并注意线号的使用，绘制主电路的接线图。

3. 借助参考资料，在教师的引导下大致识读 APM 继电器控制系统电梯的电气原理图。

任务评价

通过以上学习，根据任务实施过程，填写如表 4-5-4 所示的任务评价表，完成任务评价。

表 4-5-4　任务评价表

班级		学号		姓名		日期	
序号	评价内容				要求	评价	
1	能正确区分电气原理图、电气元件布置图、电气安装接线图				正确		
2	能熟练写出常用电气元件的图形符合和文字符号				完全清晰		
3	能根据实际电气元件的分布情况，正确绘制 APM 继电器控制系统电梯的电气元件布置图				符合行标		
4	能根据实际电气元件的线路连接情况，正确绘制 APM 继电器控制系统电梯的主电路接线图				符合行标		
5	能借助参考资料，运用绘制原则的知识，大致识读 APM 继电器控制系统电梯电气原理图				符合行标		
教师评语							

任务6　变压器

任务呈现

为了把发电厂发出的电科学合理地传输到各个用户并安全使用，我们就必须要使用到变压器。变压器是利用电磁感应原理制成的电气设备。变压器除了可以变换电压，还可以变换电流、阻抗，虽然不同类型的变压器在结构上各有特点，但它们的基本结构和工作原理大致相同。

任务要求：认识电梯控制系统中所用的变压器，画出它的电气符号、安装位置，简述它的原理及作用，并能应用仪表判断及检测好坏。

知识准备

一、结构

变压器是一种静止的电气设备。变压器的结构示意图如图 4-6-1 所示。

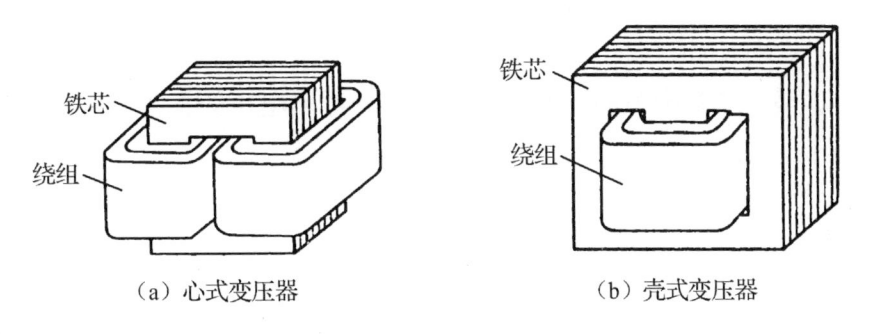

（a）心式变压器　　　　（b）壳式变压器

图 4-6-1　变压器的结构示意图

变压器有升压变压器和降压变压器，它主要由铁芯和绕组两部分组成。铁芯的作用是构成变压器的磁路，为了减小涡流和磁滞损耗。铁芯用表面涂有绝缘漆的硅钢片交错叠压而成，厚度为 0.35～0.5 mm。根据铁芯结构形式的不同，变压器分为心式和壳式两种，如图 4-6-1 所示。心式变压器是线圈包围铁芯，功率大的变压器多采用心式结构，以减小铁芯体积，节省材料。壳式变压器是铁芯包围线圈，其特点是可省去专门的保护包装外壳，小型变压器采用壳式变压器。

变压器的绕组有两个或多个线圈组成。与电源相连的线圈称为原绕组、一次绕组或初级绕组；与负载相连的线圈称为副绕组、二次绕组或次级绕组。绕组是变压器的电路部分。为了防止短路，绕组与绕组、绕组与铁芯之间要有良好的绝缘。

二、工作原理

图 4-6-2 所示为一个双绕组变压器的原理图。在一个闭合的铁芯上绕两个线圈，原绕组的物理量均以 U_1、I_1、N_1 表示，副绕组的物理量均以 U_2、I_2、N_2 表示。

当在原绕组通入交流电源电压 u_1，绕组中通过的交流电流为 i_1 时，铁芯磁路中产生交变磁通。在不计原、副绕组的电阻和无漏磁通的情况下，可看作理想变压器。据电磁感应定律，在原、副绕组中产生的感应电动势和电压的瞬时值分别为

$$u_1 = -e_1 = N_1 \frac{d\phi}{dt}$$

$$u_2 = -e_2 = N_2 \frac{d\phi}{dt}$$

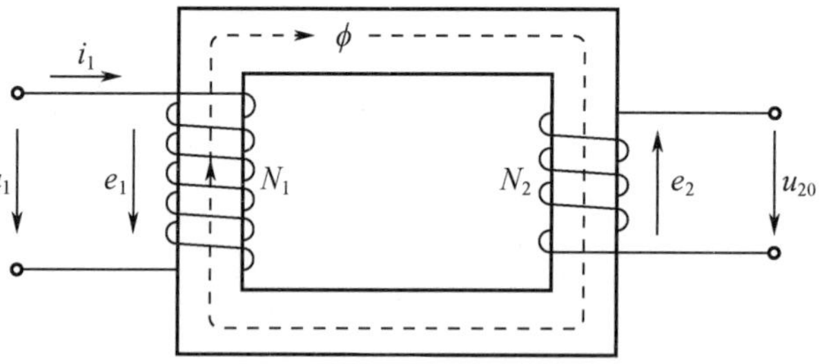

图 4-6-2 双绕组变压器原理图

在理想的变压器下，原、副绕组的电压、电动势和匝数之间的关系为

$$\frac{u_1}{u_2} = \frac{e_1}{e_2} = \frac{N_1}{N_2} = \frac{U_1}{U_2} = K$$

上式表明，改变原、副绕组的匝数，就可以改变输出电压的大小。当 $K>1$，$N_1 > N_2$ 时，称为降压变压器；当 $K<1$，$N_1 < N_2$ 时，称为升压变压器。

三、铭牌

为了使变压器能正常运行，制造厂在变压器外壳的铭牌上标出额定值和型号。它是选择和使用变压器的依据。

1. 变压器的型号

型号用来表示变压器的特征和性能。一般有两部分组成：前一部分用汉语拼音字母表示，后一部分用数字组成。前者表示特性和性能，后者表示额定值。例如，S-200/10 中 S 表示三相，200 表示额定容量为 200 kVA，10 表示高压绕组的额定电压为 10 kV。

2. 额定电压

原绕组额定电压 U_{1N}：它指保证长时间安全可靠工作时应加的电压有效值。三相变压器指线电压有效值。

副绕组额定电压 U_{2N}：它指变压器空载、原绕组加上额定电压时，副绕组两端的电压有效值。三相变压器指线电压有效值。

3. 额定电流

原绕组额定电流 I_{1N}：它指在容许发热条件下，原绕组中长期通过的最大电流有效值。

副绕组额定电流 I_{2N}：它指满载时长期允许通过的电流有效值。在三相变压器中均指线电流有效值。

4. 额定容量

额定容量 S_N 是变压器在额定电压、电流工作状态下的视在功率，单位为千伏安（kVA）。

5. 额定频率

额定频率 f 指在原绕组上电压允许频率。我国规定工频频率为 50 Hz。

6. 效率

效率指变压器输出有功功率 P_2 与输入有功功率 P_1 之比，一般用百分数表示，即

$$\eta = \frac{P_2}{P_1} \times 100\%$$

四、常用变压器

1. 小型单相变压器

小型单相变压器是一种常用的降压变压器，一般结构简单，体积和容量都较小，结构形式有壳式和心式两种。常见的小型单相变压器及其图形符号如图 4-6-3 所示。小型单相变压器一次侧额定电压通常为 220 V 或 380 V，二次侧电压为负载需要的电压，如 110 V、36 V、24 V、12 V、6 V 等。小型单相变压器主要用作整流电路、低压照明电路、信号灯或指示灯的电源变压器及电气控制设备的电源（控制变压器）等。

图 4-6-3 单相变压器及其图形符号

2. 多绕组变压器

铁芯上绕有一个一次侧绕组和几个二次侧绕组的变压器或者一次侧、二次侧都有两个以上绕组的变压器称为多绕组变压器。多绕组变压器及其图形符号如图 4-6-4 所示。由于二次侧绕组的匝数不同，其端电压也不同，并且各个电路是相互隔离的，因此多绕组变压器可以向几个不同电压的用电设备供电。在多绕组变压器中，为了得到不同的变比或配合不同的电源电压，经常需要把几个绕组串联或并联使用。若要把两个绕组串联，应把它们的一组异名端相接；若要把两个绕组并联，应把同名端相接。

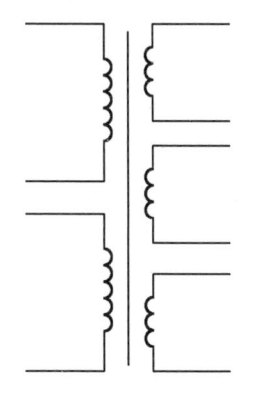

图 4-6-4 多绕组变压器及图形符号

3. 电流互感器

公用低压电网中，任何一相计算负载电流超过 100 A 的用户是不少的，而制造 100 A 以上的电能表是不经济的。此外，在供电用电的线路中电流、电压的大小相差悬殊，从几安到几万安都有，为便于二次仪表测量需要转换为比较统一的电流，而且线路上的电压都比较高，如果直接测量是非常危险的。而电流互感器就起到变流和电气隔离的作用。所以，在这类用户的量电装置中，必须装置电流互感器，把通过主回路的电流按比例变小，再由电能表对变小的电流进行计量；结算用电量时，把电能表的耗电记录与互感器的电流变小倍数相乘，就是实际耗电量。电流互感器如图 4-6-5 所示。电流互感器的接法如图 4-6-6 所示。

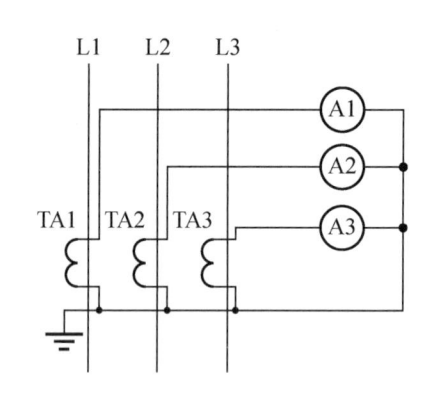

图 4-6-5　电流互感器　　　　　　图 4-6-6　电流互感器的接法

五、变压器的维护

为了保证变压器安全运行和可靠的供电，为了当变压器发生异常情况时能及时发现、及时处理，将故障排除在萌芽状态，使用单位对运行中的变压器必须进行定期的巡回检查，严格监察其运行状况，并做好运行记录。

1. 运行标准

（1）允许温度。变压器中的绝缘材料受温度影响而逐渐老化。温度越高，绝缘材料的绝缘性能越差，并加速老化，导致失去了绝缘层的保护作用，容易被高电压击穿造成故障。因此，变压器在正常运行时，不准超过绝缘材料所允许的温度。

（2）负载运行。变压器负载运行时，因铜耗和铁耗而发热，负载越大，发热越多，温升也越高，变压器不应超过允许的温升。因此，变压器运行时，有一许可连续稳定运行的额定负载，即变压器的额定容量。

2. 运行中的检查

（1）监视仪表。变压器控制盘上的仪表，如电压表、电流表和功率表等指示着变压器运行情况、电压质量等，因此必须经常监察并记录数据。

（2）现场检查。变压器应定期进行外部检查。检查内容包括查看油温是否正常、变压器有无异常的响声、箱壳有无漏油现象、外壳接地是否良好等。

（3）变压器油的检验。为了确保变压器安全可靠运行，必须定期取油样试验，如果油老化变质，要及时更换。

（4）变压器运行故障的排除：在定期的巡回检查过程中，如果发现有异常情况，要及时排除故障，使变压器能安全正常运行。

任务实施

1．教师带领学生到电梯机房认识电梯控制系统中所用的变压器。

2．在电梯运行状态下，使用万用表、钳形表测量它的输出、输入电压和电流，并记录下来进行分析。

3．简述电梯使用的变压器的工作原理、作用及铭牌内容，并会绘制电气符号。要求能用万用表检测及判断其好坏。

任务评价

通过以上学习，根据任务实施过程，填写如表 4-6-1 所示的任务评价表，完成任务评价。

表 4-6-1 任务评价表

班级		学号		姓名		
序号	评价内容				要求	评分
1	能正确说出变压器的类型、原理及用途				正确描述	
2	能使用万用表、钳形表测量出电压值和电流值				准确测量	
3	能简述变压器的铭牌内容				描述正确	
4	能用万用表检测及判断变压器的好坏				正确判断	
教师评语					总分	

任务 7 曳引机的安装

任务呈现

电动机是将电能转换成机械能的装置，广泛应用于现代各种机械中作为驱动动力源。例如，电梯上下运行、电风扇的转动、洗衣机的运行等都是由电动机来驱动的。用电机来驱动的优点如下：减轻繁重的体力劳动；提高生产率；可实现自动控制和远距离操纵。

任务要求：先了解电梯的曳引机安装位置及作用，然后认识铭牌内容，再通过拆解重新组装曳引机，用兆欧表检测曳引机的绝缘好坏。通电试车成功。

知识准备

一、三相异步电动机

电动机分为交流电动机、直流电动机,其中交流电动机分为三相交流电动机、单相交流电动机。工业生产中广泛应用交流电动机,特别是鼠笼式三相异步电动机,大概占能量转换的70%。这是因为是它具有结构简单、易于控制、效率高、维修方便、价格便宜等许多优点。因此,这里重点介绍三相异步电动机,它的外形及各部件如图4-7-1所示。

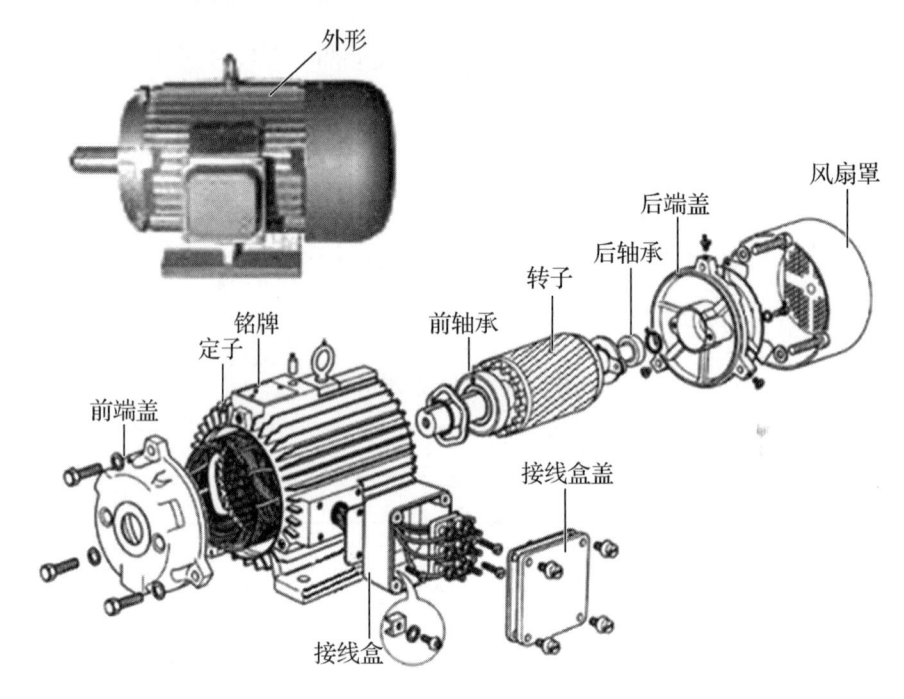

图4-7-1 三相异步电动机的外形及各部件

1. 结构

鼠笼式三相异步电动机主要由定子和转子两部分组成,定子和转子之间存在很小的气隙。其中,定子由定子铁芯、定子绕组和机座组成。定子铁芯是电动机磁路的一部分,由彼此绝缘的硅钢片叠成,目的是减小铁损(涡流和磁滞损耗)。定子铁芯的内圆冲有均匀分布的槽口,用来嵌放定子绕组。整个铁芯被固定在铸铁机座内。定子绕组是电动机的电路部分,共有三组,这些绕组均匀分布,在空间上彼此相差120°。机座用于容纳定子铁芯和绕组并固定端盖,起保护和散热作用。

三相异步电动机的定子铁芯如图4-7-2所示。

转子由转子铁芯、转子绕组和转轴三部分组成。转轴输出机械转矩。铁芯由外圆冲有均匀槽口、彼此绝缘的硅钢片叠成。按照转子铁芯的结构可分为笼型转子和绕线型转子。

图4-7-2 三相异步电动机的定子铁芯

三相异步电动机的转子和绕组如图 4-7-3 所示。

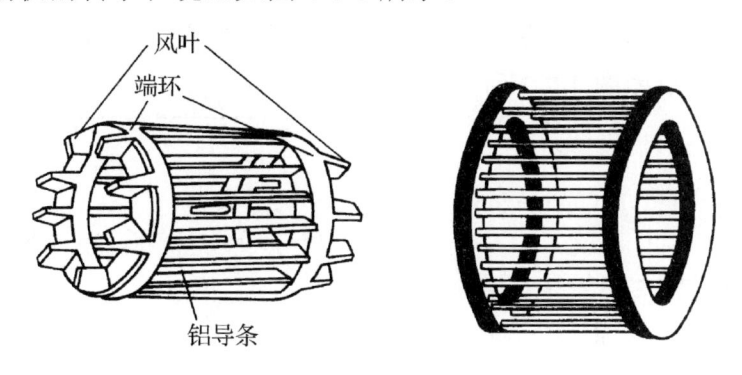

图 4-7-3　三相异步电动机的转子

2. 工作原理

1）旋转磁场的产生

在空间位置上互差 120°的三相对称绕组中通入三相对称电流产生旋转磁场，转子导体切割旋转磁场感应电动势和电流，转子载流导体在磁场中受到电磁力的作用，从而形成电磁转矩，驱使电动机转子转动。

旋转磁场的产生原理如图 4-7-4 所示。

约定：电流为正时，电流由线圈的首端流进，末端流出；电流为负时，电流由线圈的末端流进，首端流出。

一对磁极的旋转磁场的形成如图 4-7-5 所示。

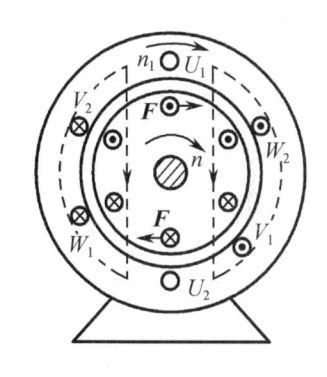

图 4-7-4　旋转磁场的产生原理

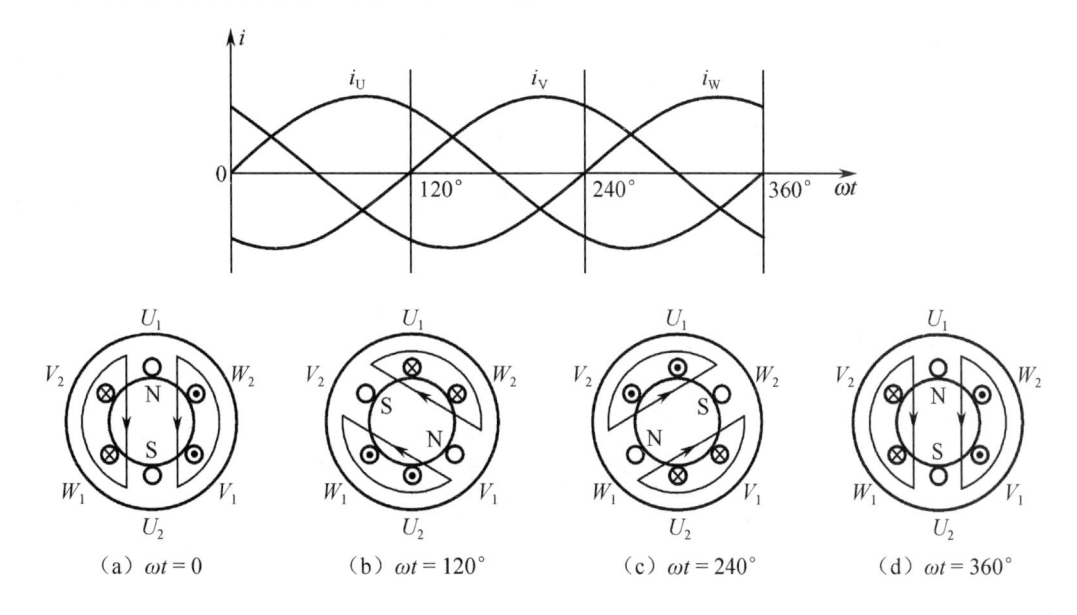

(a) $\omega t = 0$　　(b) $\omega t = 120°$　　(c) $\omega t = 240°$　　(d) $\omega t = 360°$

图 4-7-5　一对磁极的旋转磁场的形成

三相电流产生的合成磁场是一旋转的磁场，即一个电流周期，旋转磁场在空间转过 360°。旋转磁场的旋转方向取决于三相电流的相序。

旋转磁场的磁极对数 P 取决于三相定子绕组。若三相绕组每相绕组由一个线圈组成，则合成磁场只有一对磁极，即极对数 $P=1$，三相定子绕组如图 4-7-6 所示。

若将每相绕组分成两段，按图 4-7-7 所示放入定子槽内，形成的磁场则是两对磁极，即 $P=2$，三相定子绕组如图 4-7-7 所示。

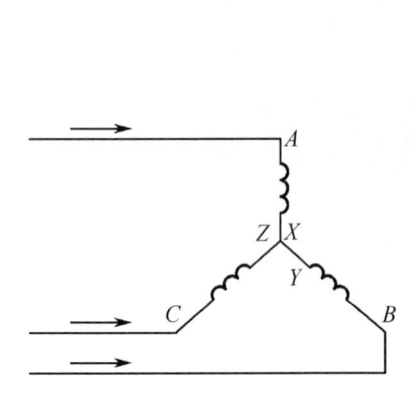

图 4-7-6　三相定子绕组（一）

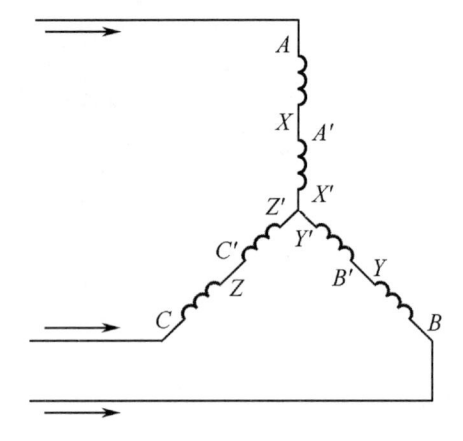

图 4-7-7　三相定子绕组（二）

2）旋转磁场的转速

旋转磁场的转速取决于磁场的极对数。旋转磁场转速 n_0 与极对数 p 的关系：

$$n_0 = \frac{60f}{p}$$

常见的旋转磁场转速如表 4-7-1 所示。

表 4-7-1　常见的旋转磁场转速

磁极对数 p（对）	1	2	3	4	5	6
旋转磁场转速 n_1（r/min）	3000	1500	1000	750	600	500

3）电动机的转动原理

由上述可知，通入定子绕组的三相电流共同产生的合成磁场随着电流的交变而在空间上不断地旋转，故称旋转磁场。旋转磁场切割转子铁芯槽中的导体，在闭合的导体中产生电流。转子导体电流与旋转磁场相互作用产生电磁转矩而使转子旋转。

电动机的转动原理如图 4-7-8 所示。

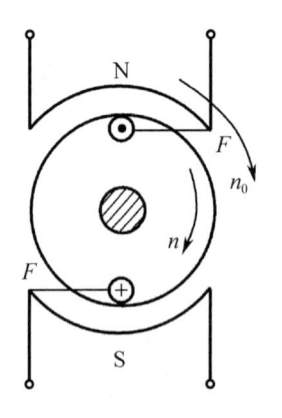

图 4-7-8　电动机的转动原理图

若要使电动机转子反相转动,只需将接于三相电源的三相绕组中的任意两对调换位置,使旋转磁场反向旋转即可。

电动机的转子转速与旋转磁场的转速并不相等。这是因为转子的转速和旋转磁场的转速相等,则转子导体与旋转磁场间没有相对运动,导体内产生不了电动势和电流,也就没有电磁力,所以电动机转速与旋转磁场的差异是保证电动机旋转的必要条件。电动机总是以低于旋转磁场的转速转动,即 $n<n_1$。异步电动机的同步转率 n_1 与转子转速 n 之差,即 n_1-n 称为三相交流异步电动机的转速差。转速差 n_1-n 与 n_1 之比称为异步电动机的转差率,用 s 表示,即

$$s = \frac{n_1 - n}{n_1} \quad \text{或} \quad n = (1-s)n_1$$

转差率是异步电动机的一个重要参数,电动机的转速、转矩等参数都与它有关。通常在额定负载下的转差率约为 0.01~0.06。

3. 铭牌识读及参数意义

三相异步电动机的铭牌数据如图 4-7-9 所示。

```
              三相异步电动机

    型号  Y132M-4    功率  7.5 kW    频率  50 Hz
    电压  380 V      电流  15.4 A    接法  △
    转速  1440 r/min 绝缘等级  B     工作方式:连续
    功率因数  0.85   效率(%)  87
              年    月    编号        XX电机厂
```

图 4-7-9 三相异步电动机的铭牌数据

(1)型号。型号用以表明电动机的系列、几何尺寸和极数。

三相异步电动机的型号如图 4-7-10 所示。

```
Y  132  M — 4
│   │   │   └── 磁极对数
│   │   └────── 机座长度代码
│   └────────── 机座中心高度(mm)
└────────────── 三相异步电动机
```

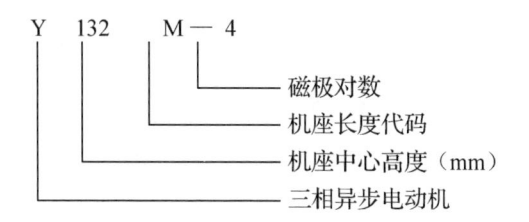

图 4-7-10 三相异步电动机的型号

(2)接法。其指定子三相绕组的连接方法。

通常电机容量小于 3 kW 时采用星形连接,电机容量大于 4 kW 时采用三角形连接。电动机三相绕组六个线端的连接方法如下。①星形连接:三相绕组首端接电源,尾端接在一起。②三角形连接:三相绕组首尾相接,交点接电源。

三相异步电动机的定子绕组接法如图 4-7-11 所示。

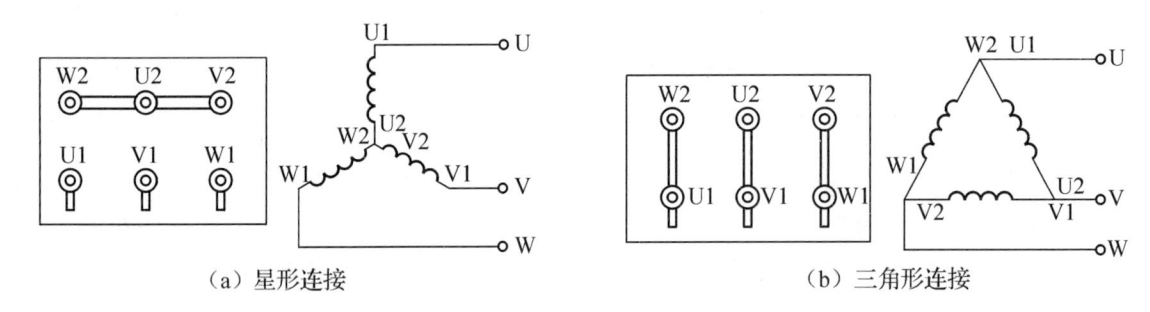

（a）星形连接　　　　　　　　　　　（b）三角形连接

图 4-7-11　三相异步电动机的定子绕组接法

（3）电压。电动机在额定运行时定子绕组上应加的线电压值。

例如，380/220 V、Y/△ 是指线电压为 380 V 时采用星形连接；线电压为 220 V 时采用三角形连接。一般规定，电动机的运行电压不能高于或低于额定值的 5%。因为在电动机满载或接近满载的情况下运行时，电压过高或过低都会使电动机的电流大于额定值，从而使电动机过热。

（4）电流。电动机在额定运行时定子绕组的线电流值。

例如，Y/△、6.73/11.64 A 表示星形连接下电机的线电流为 6.73 A；三角形连接下线电流为 11.64 A，两种接法下相电流均为 6.73 A。

（5）功率与效率。额定功率是指电机在额定运行时轴上输出的机械功率 P_2，它不等于从电源吸取的电功率 P_1。

$$P_2 = \eta P_1 = \eta \sqrt{3} U_N I_N \cos\varphi$$

（6）功率因数：三相异步电动机的功率因数较低，在额定负载时约为 0.7～0.9；空载时功率因数很低，只有 0.2～0.3；额定负载时，功率因数最高。

注意：实用中应选择容量合适的电机，防止出现"大马拉小车"的现象。

（7）额定转速。电机在额定电压、额定负载下运行时的转速 n_N。

$$额定转差率 s_N = \frac{n_0 - n_N}{n_0}$$

（8）绝缘等级。其指电机绝缘材料能够承受的极限温度等级，分为 A、E、B、F、H 五级，A 级最低（105℃），H 级最高（180℃）。电机绝缘等级如表 4-7-2 所示。

表 4-7-2　电机绝缘等级

绝缘等级	A	E	B	F	H	C
最高允许温度	105°	120°	130°	155°	180°	>180°

（9）运行方式。

连续：电动机连续不断地输出额定功率而温升不超过铭牌允许值。

短时：电动机不能连续使用，只能在规定的较短时间内输出额定功率。

断续：电动机只能短时输出额定功率，但可多次断续重复启动和运行。

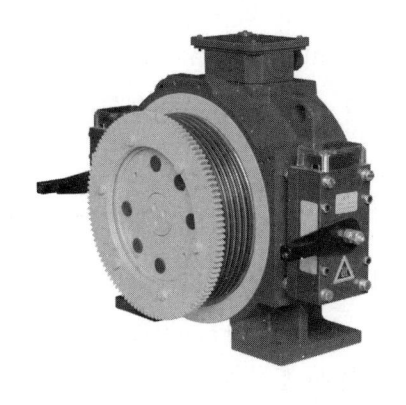

二、永磁同步电动机

永磁同步电动机采用高性能永磁材料和特殊的电机结构，具有节能、环保、低速、大转矩等特性。永磁同步电动机已在从小到大、从一般控制驱动到高精度的伺服驱动、从人们日常生活到各种高精尖的科技领域中作为最主要的驱动电机出现，而且前景会越来越好。在现代电梯设备中基本都使用永磁同步电动机。永磁同步电动机如图4-7-12所示。

永磁同步电动机主要是由转子、端盖、定子等部件组成的。永磁同步电动机和异步电动机结构上大体相同，最大的区别是永磁同步电动机在转子上放有高质量的永磁体磁极。由于在转子上安放永磁体的位置有很多选择，所以永磁同步电动机通常会被分为三大类：面贴式、内嵌式、插入式。转子的三种结构如图4-7-13所示。面贴式的永磁同步电动机在工业上是应用最广泛的，最主要的原因是其拥有很多其他形式的电动机无法比拟的优点，如其制造方便，转动惯性较小，以及结构很简单等。

图4-7-12 永磁同步电动机

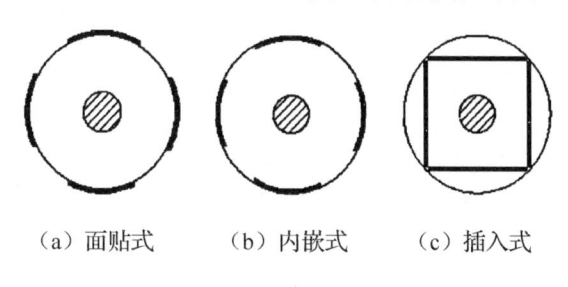

（a）面贴式　　（b）内嵌式　　（c）插入式

图4-7-13 转子的三种结构

工作原理：在电动机的定子绕组中通入三相电流，在通入电流后就会在电动机的定子绕组中形成旋转磁场。由于在转子上安装了永磁体，永磁体的磁极是固定的，根据磁极的同性相吸、异性相斥的原理，在定子中产生的旋转磁场会带动转子进行旋转，最终达到转子的旋转速度与定子中产生的旋转磁极的转速相等，所以可以把永磁同步电动机的启动过程看成是由异步启动阶段和牵入同步阶段组成的。

三、电动机的选用原则

选择电动机的种类应先使电动机满足生产设备的需求，然后考虑结构、价格、可靠性、维修等方面的问题。异步电动机有鼠笼式和绕线式两种。鼠笼式的优点明显多于绕线式的，所以一般多选用鼠笼式三相异步电动机。鼠笼式异步电动机具有结构简单、价格便宜、维修方便等优点，采用传统的调速方法启动，但调速性能较差，可以用于没有特殊要求（调速要求不严）的场合，如各种泵、通风机、普通机床等设备上。但采用变频器提供的变频电源供电之后，鼠笼式异步电动机目前已达到良好的无级调速性能。

1. 功率的选择

（1）对于连续运行的电动机，所选功率应等于或略大于生产机械的功率。

（2）对于短时工作的电动机，允许在运行中有短暂的过载，故所选功率可等于或略小于生产机械的功率。

2. 种类和形式的选择

1）种类的选择

一般的应用场合应尽可能选用鼠笼式异步电动机。只有在需要调速、不能采用鼠笼式异步电动机的场合才选用绕线式异步电动机。

2）结构形式的选择

根据工作环境选择不同的结构形式，如开启式电动机、防护式电动机、封闭式电动机。

3）电压和转速的选择

根据电动机的类型、功率及使用地点的电源电压来决定。Y系列鼠笼式异步电动机的额定电压只有380 V一个等级。大功率电动机才采用3000 V和6000 V。

四、兆欧表

在电器设备中，如电机、电缆、家用电器等，它们能否正常运行的因素之一就是其绝缘材料的绝缘程度，即绝缘电阻的数值。当受热和受潮时，绝缘材料老化，其绝缘电阻降低，从而造成电器设备漏电或短路事故。为了避免事故发生，就要求经常测量各种电器设备的绝缘电阻，判断其绝缘程度是否满足设备需要。普通电阻的测量通常有低电压下测量和高电压下测量两种方式。而绝缘电阻由于一般数值较高（一般为兆欧级），在低电压下的测量值不能反映在高电压条件下工作的真正绝缘电阻值。这时需要一个仪表，即兆欧表。兆欧表也叫绝缘电阻表，它是测量绝缘电阻最常用的仪表。它在测量绝缘电阻时本身就有高电压电源，这就是它与测电阻仪表的不同之处。兆欧表如图4-7-14所示。

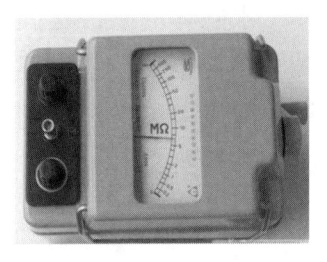

（a）模拟兆欧表 　　　　（b）数字兆欧表

图4-7-14　兆欧表

兆欧表的接线柱共有三个：一个"L"（line）为线端，一个"E"（earth）为地端，再一个"G"为屏蔽端（也叫保护环）。一般被测绝缘电阻都接在"L""E"端之间，但当被测绝缘体表面漏电严重时，必须将被测物的屏蔽环或不须测量的部分与"G"端相连接。这样漏电流就经由屏蔽端"G"直接流回发电机的负端形成回路，而不在流过兆欧表的测

量机构（动圈）。这就从根本上消除了表面漏电流的影响。特别应该注意的是，测量电缆线芯和外表之间的绝缘电阻时，一定要接好屏蔽端钮"G"，因为当空气湿度大或电缆绝缘表面不干净时，其表面的漏电流将很大。为防止被测物因漏电而对其内部绝缘测量所造成的影响，一般在电缆外表加一个金属屏蔽环，与兆欧表的"G"端相连。

使用兆欧表前的准备工作如下。

（1）测量前必须将被测设备电源切断，并对地短路放电，决不允许设备带电进行测量，以保证人身和设备的安全。

（2）对于可能感应出高压电的设备，必须消除这种可能性后，才能进行测量。

（3）被测物表面要清洁，减少接触电阻，确保测量结果的正确性。

（4）测量前要检查兆欧表是否处于正常工作状态，主要检查其"0"和"∞"两点，即摇动手柄，使电机达到额定转速，兆欧表在短路时应指在"0"位置，开路时应指在"∞"位置。

（5）兆欧表使用时应放在平稳、牢固的地方，且远离大的外电流导体和外磁场。

使用兆欧表的方法如下。

兆欧表的一端（"L"端）与电动机的其中一端接线柱相连，另一端（"E"端）与地相连，每秒2圈的速度进行摇转，兆欧表电阻要大于或等于电动机的额定电压除以1000为正常，小于此值时证明电动机故障（三相都要单独摇）。

兆欧表测量示意图如图 4-7-15 所示。

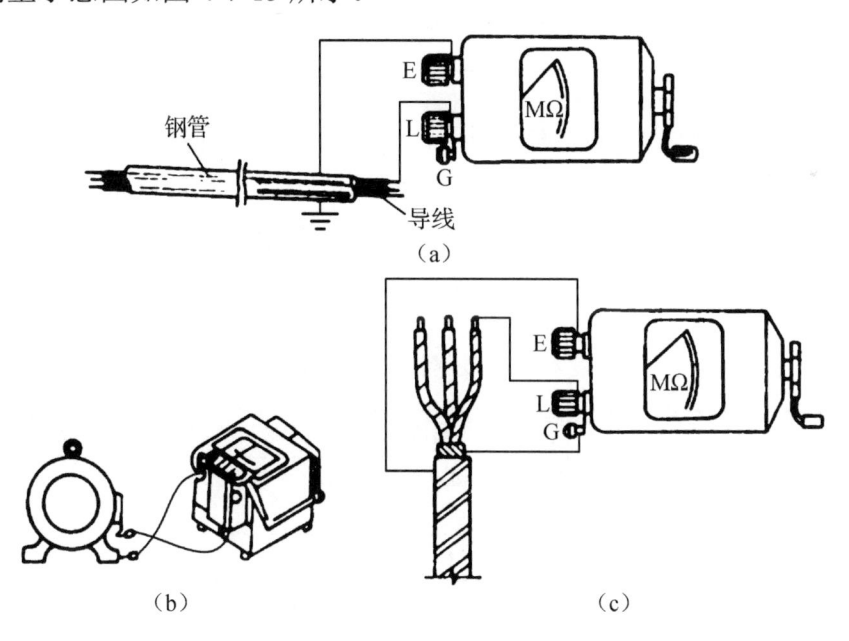

图 4-7-15　兆欧表测量示意图

任务实施

1．在教师的监督下，学生观察机房中曳引轮的工作过程，说出曳引轮的动力源部分。

2．观察电动机的铭牌，根据如表 4-7-3 所示的电梯电动机铭牌数据表写出该电机的额定电压、电流、接线方式、工作方式、频率等。

表 4-7-3 电梯电动机铭牌数据表

参　　数	数　　据	相　关　问　题	答　　案
型号		什么类型的电动机，尺度是多少	
电压		如果电源要求 220 V，怎么处理	
电流		怎么测量电流大小？测量电流有什么用	
频率		如果改变频率对电动机转速有什么影响	
工作方式		车床能否用短时或断续的电动机	
接法		星形连接和三角形连接的不同之处在哪里	
功率		这个参数有什么用	
转速		转速可以怎么调整	

3．打开接线盒，观察并判断电动机的接线方式。拆掉接线端子，先测量每相绕组电阻，然后分别进行三角形连接和星形连接，再用万用表测量出它们的阻值，填写表 4-7-4。表 4-7-4 所示为电动机绕组的连接方式。

表 4-7-4　电动机绕组的连接方式

连接方式	连　接　图	UV\UW\VW 之间的阻值	绕组的不同连接方式有什么目的
三角形连接			
星形连接			

4．假设电动机顺时针为正转，先断电源，然后通过改变接线相序把电动机接成反转。接着，准备电动机装拆的实训工具。教师先讲解示范一次，然后要求学生动手拆装一遍，再把电机装好，用兆欧表测量绝缘阻值。在教师的检查无误后通电，查看电动机是否正常运行，并填写如表 4-7-5 所示的任务实施项目结果。

表 4-7-5　任务实施项目结果

项　　目	结　　果	相　关　问　题	答　　案
接线方法		如果将"L"和"E"接反了会出现什么情况	
高压等级		可以用等级为 1000 V 的吗？为什么	
测量值		这个结果满足电动机绝缘电阻的安全要求吗？如果不满足如何找原因	
接地方式		可以用其他接地方式吗	

任务评价

完成实训过程后，填写如表 4-7-6 所示的三相异步电动机拆卸质量评价表，完成任务评价。

表 4-7-6 三相异步电动机拆卸质量评价表

项　　目	配　分	评 分 标 准		得　　分
电动机拆卸	20	（1）拆卸步骤 （2）拆卸方法	10 分 10 分	
电动机组装	30	（1）装配步骤 （2）装配方法	15 分 15 分	
电动机的清洗与检查	20	（1）轴承清洗干净 （2）定子内腔和端盖除尘处理	10 分 10 分	
实训报告	10	按照报告要求完成、内容正确	10 分	
团结协作精神	10	小组成员分工协作明确、能积极参与	10 分	
安全文明生产	10	安全文明生产	5～10 分	

任务 8　轿厢换气扇

任务呈现

换气扇是由电动机带动风叶旋转驱动气流，使室内外空气交换的一类空气调节电器，又称通风扇。换气扇广泛应用于家庭及公共场所。换气的目的就是要除去室内的污浊空气，调节温度、湿度和感觉效果。同样在电梯中，为了有效改善轿厢内的空气质量，也会装设换气风扇，随时向轿厢内提供新鲜空气，改善电梯乘坐的舒适度。

任务要求：了解电梯的换气扇安装位置及作用，根据提供的换气扇的电路图连接线路。通电试车成功。

知识准备

单相异步电动机是利用单相交流电源供电的一种小容量交流电动机，功率约在 8～750 W 之间。单相异步电动机具有结构简单、成本低廉、维修方便等特点，被广泛应用于冰箱、电扇、洗衣机等家用电器及医疗器械中。但与同容量的三相异步电动机相比，单相异步电动机的体积较大、运行性能较差、效率较低。单相异步电动机分为电容启动式、电容运转式、电阻启动式、罩极式。目前最常用的是罩极式单相异步电动机和电容式单相异步电动机。

一、电容启动式

单相异步电动机在结构上与鼠笼式三相异步电动机类似，转子绕组也为一笼型转子，定子上有一个单相工作绕组和一个启动绕组。为了能产生旋转磁场，在启动绕组中还串联了一个电容器。单相异步电动机如图 4-8-1 所示，其部件如图 4-8-2 所示。

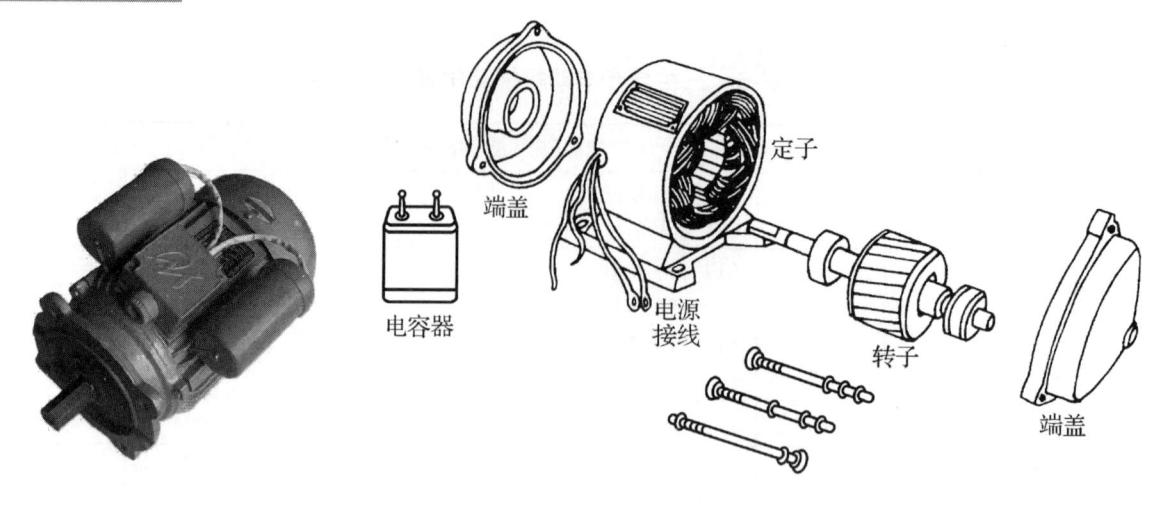

图 4-8-1　单相异步电动机　　　　图 4-8-2　单相异步电动机的部件

1. 工作原理

由于单相交流电产生的是脉动磁场，而脉动磁场可认为由两个大小相等、转速相同但转向相反的旋转磁场所合成。当转子静止时，两个旋转磁场在转子上产生的两个转矩大小相等、方向相反，合转矩为零。所以，转子不能自行启动。转动的关键是产生一个启动转矩。为了能产生旋转磁场，利用启动绕组中串联电容实现分相，其接线原理如图 4-8-3（a）所示。只要合理选择参数便能使工作绕组中的电流 i_A 与启动绕组中的电流 i_B 相位相差 90°，如图 4-8-3（b）所示。

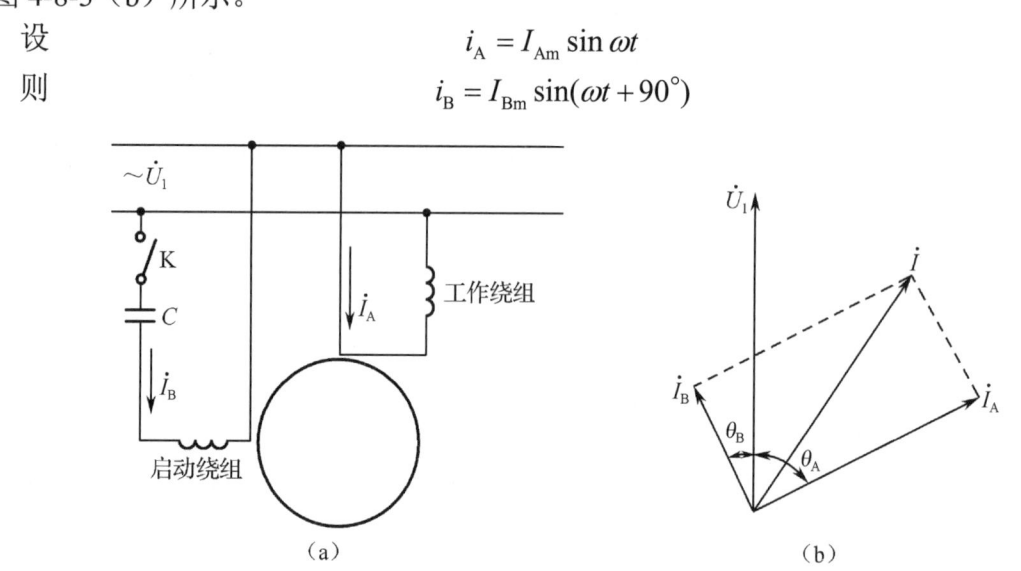

设　　　　　　　　　　　$i_A = I_{Am} \sin \omega t$

则　　　　　　　　　　　$i_B = I_{Bm} \sin(\omega t + 90°)$

图 4-8-3　单相异步电动机的工作原理

如同分析三相绕组旋转磁场一样，将正交的两相交流电流通入在空间上互差 90°的两相绕组中，同样能产生旋转磁场，如图 4-8-4 所示。

与三相异步电动机相似，只要交换启动绕组或工作绕组两端与电源的连接便可改变旋转磁场的方向。其中，电容在这里起到裂相作用，所以叫作裂相电容或启动电容。由于通过电容电流超前电压 90°，而电感（线圈）落后电压 90°，这样在电动机线圈绕组中便产生了相位不同的磁场，电动机就转了起来，简单地说就是主绕组与副绕组产生磁场有时间差。如果想换运转方向，把电源（接电容一端的那根线）调换到电容另一端即可。

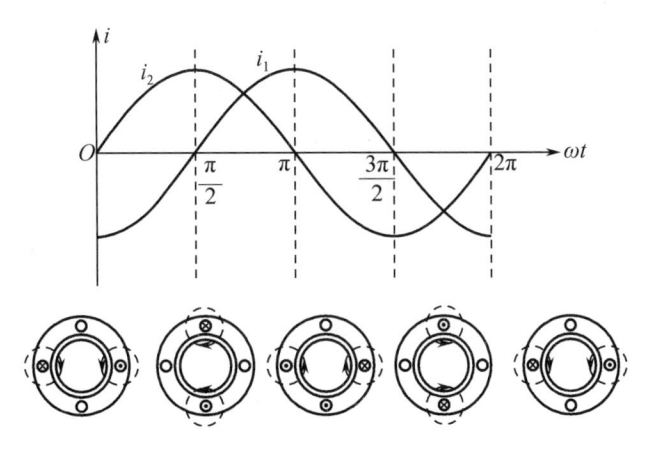

图 4-8-4 旋转磁场的产生

二、罩极式

罩极式电动机的特点是启动机构简单，价格低廉，但启动转矩小，广泛应用于对启动转矩要求不高的设备，如电风扇、电子仪器的通风设备、家用电器的搅拌装置。

罩极式电动机可以分为凸极式罩极电动机和隐极式罩极电动机两种。罩极式电动机的定子磁极的极面上套装了一个铜环，如图 4-8-5 所示。它在罩上的位置决定了电动机磁场的移动方向。如图 4-8-5 所示，铜环的磁通滞后于未套铜环的部分磁通，故电动机转子是顺时针方向旋转。铜环置定后，电动机的旋转方向不能改变。通常用于不需改变转向的电气设备。定子通入电流以后，部分磁通穿过短路环，并在其中产生感应电流。短路环中的电流阻碍磁通的变化，使有短路环部分和没有短路环部分产生的磁通有了相位差，从而形成旋转磁场，使转子转起来。

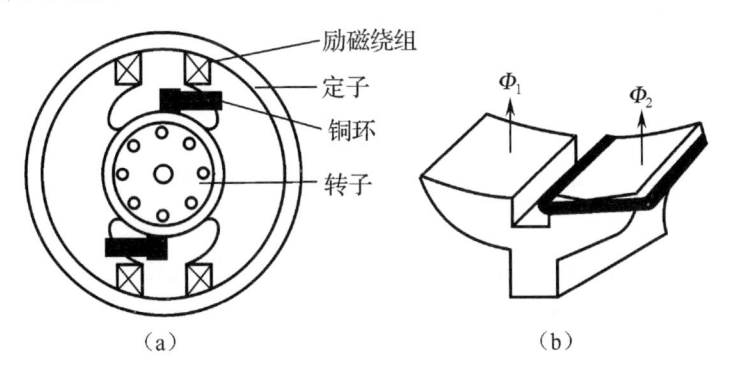

图 4-8-5 罩极式电动机结构

三、连线方式

电动机出来三条线：红、蓝（或绿）、黑。用万用表测其电阻，三条线之间电阻最小的一条是公共端（一般是黑色的），另外两条中阻值较小的是副绕组（一般是绿色的），阻值较大的是主绕组（一般是红色）。除公共端外（一般是黑色的），电容一端接副绕组，另一端接火线；主绕组（一般是红色的）也接火线。

任务实施

1．在实训教师的带领下，学生观察在轿顶上换气扇电动机的安装位置及工作状况。
2．根据教师提供的电气原理图，按图施工，连接换气扇的实物连线，最后通电调试成功。

任务评价

实训完成后，填写如表 4-8-1 所示的任务评价，完成任务评价。

表 4-8-1　任务评价表

班级		学号		姓名	
序号	评价内容			要求	评分
1	能正确简述单相异步电动机的原理			正确描述（20分）	
2	按图施工，连线工艺标准			按图施工，符合电工连线工艺标准（30分）	
3	通电调试成功			通电调试成功（40分）	
4	安全文明规范操作			符合安全操作规程（10分）	
教师评语				总分	

练习题

1．常见的机电产品控制系统主要有哪几种，并简述各种类型的特点与区别。
2．接触器的结构主要由哪些部分组成？
3．热继电器适合作为电动机的什么保护？
4．熔断器在各种电气电路中起到什么保护作用？
5．绘制电气原理图的基本规则有哪些？

阅读材料

低压电器的发展未来

低压电器目前正朝着高性能、高可靠性、小型化、模块化、组合化和零部件通用化的方向发展。它的技术发展主要取决于市场技术的需求、市场竞争的需求、系统发展的需要及新标准的研究和应用。

1．可通信

随着计算机网络的发展与应用，采用计算机网络控制的低压电器均要求能与中央控制计算机进行通信。为此，各种可通信低压电器应运而生。通信低压电器将成为未来低压电器重要发展方向之一。

2. 智能化

为了实现低压电器与中央控制计算机双向通信，低压电器必须向电子化、机电一体化发展，同时要求部分电器具有智能化功能。目前，智能化电器的发展主要体现在万能式断路器、塑壳式断路器、电动机控制、保护器等产品上。

3. 高性能、节能化、小型化

新型低压电器的高性能除了提高其主要技术性能，还将重点追求综合技术经济指标，如低压断路器、塑壳断路器；除了提高短路分段能力，还将特别关注飞弧距离的缩小。同时，要求其小型化，这对发展新一代紧凑型低压成套设备十分重要。对交流接触器而言，已经不在片面追求机电寿命的提高，而是把研究的重点放在产品功能组合与派生、分断可靠性、动作可靠性、接触可靠性及节能方面上。

项目五 控制电路

项目描述

点动控制、连动控制、正反转控制、异地控制、降压启动控制等是组成电气设备的基本控制线路。不同的机电设备有着不同的电气控制线路，但无论是简单的还是复杂的电气设备都是由这些基本的控制线路组成。因此，掌握了基本的控制线路就可以分析任何继电器控制的机电设备的工作原理。

继电器控制系统的电梯中是由井道照明电路、检修电路、选层电路、安全回路、运行电路、启动电路、制动电路组成的。通过安装、调试电梯典型控制电路来掌握基本控制电路的原理。特别是在电路调试过程中能掌握基本排故方法及维修技能。

任务1 电梯井道照明排故

任务呈现

任何一套电气控制设备从设计、安装、投入运行、稳定运行到报废处理，都需要技术人员安装调试、定期保养、及时维护，这样才能让设备正常、高效率运行。继电器控制系统除了本身故障发生率比较高，其外部元器件（如传感器或执行器）也经常发生故障，从而使整个系统发生故障，有时还会烧坏电动机，使整个系统瘫痪。因此，作为电气维修技术人员必须熟悉电气控制系统原理，并具备快速诊断和排除故障的能力。

任务要求：安装调试电梯照明电路，并在不影响人身及设备安全的前提下，人为设置故障，要求应用两种不同方法分析、检测，并修复照明电路。

知识准备

电气故障一般可分为自然故障和人为故障两大类。自然故障是因为电气设备在运行时过载、振动、锈蚀、金属屑和油污侵入、散热条件恶化等，造成电气绝缘下降、触点熔焊、电路接点接触不良，甚至发生接地或短路而形成的。人为故障是由于在安装控制线路时布线、接线错误，在维修电气故障时没有找到真正原因或者修理操作不当，不合理地更换元器件或改动线路造成的。因此，发生电路故障，应及时查明原因，这样才能准确地排除故障。

一、诊断基本步骤

（1）确认故障现象。分清本故障是属于自然故障，还是人为故障；是电气故障，还是机械故障。

（2）根据电气原理图，进行故障分析。认真分析发生故障的可能原因，大概确定故障发生的可能部位或回路，尽可能缩小故障范围。

（3）根据分析的结果，通过一定的技术、手段和方法、经验和技巧找出故障点。这是检修工作的难点和重点。电气控制线路故障形式多种多样，因此要快速、准确地找出故障点，要求维修人员要学会灵活运用"问"（向操作者详细询问发生故障前、后的现象和过程）、"看"（看电器元件是否有明显损坏或异常现象）、"听"（听电动机、变压器等电器元件是否有异常声音）、"闻"（闻是否有异味来确定故障部位和故障性质）、"摸"（切断电源，摸电器是否有过热现象）等检修经验。

（4）采取相应的措施排除故障。电气控制线路的故障有简单的，也有复杂的。它们的故障又往往和机械、液压系统交错在一起，从表现形式来看分为两种：一是有明显外表特征，容易被发现的；二是没有外表特征，不容易被发现的。因此，当故障发生后，要求电气维修人员，一定要熟悉电路的工作原理，根据故障现象，掌握正确的检修方法和技巧。

二、修复基本步骤

当找出电气线路的故障点后，先要对故障进行修复、试运行、记录等，然后交付使用，但必须注意以下事项。

（1）在找出故障点和修复故障时，应注意不能把找出的故障点作为寻找故障的终点，还必须进一步分析并查明产生故障的根本原因。例如，在处理某台电动机因过载烧毁的事故时，决不能认为将烧毁的电动机重新修复或换上一台同型号的新电动机就算完事，而应进一步查明电动机过载的原因，防止再出现类似故障。

（2）找出故障点后，一定要针对不同故障情况和部位相应采取正确的修复方法，不要轻易采用更换元器件和补线等方法，更不允许轻易改动线路或更换规格不同的元器件，以防产生人为故障。

（3）在故障修复后，要恢复设备原貌，保持设备的完好率。

（4）对大型复杂设备要认真做好维修记录，为今后的维修工作提供参考，并通过对历次故障的分析，采取相应的有效措施，防止类似事故的再次发生或对设备本身设计提出改进意见。

电气线路的故障是多种多样的，就是同一故障现象，发生的部位也会有所不同。所以，在维修中，不可生搬硬套，应将理论与实践相结合，灵活处理，关键还要善于在实践中学习，总结经验，找出规律，掌握正确的检修方法。在操作时应做到看清故障、原理清楚、线路熟悉、方法正确。这样才能成为一名合格的维修人员。

三、排故方法

1）调查研究法

调查研究法就是通过"问""看""听""闻""摸"，了解明显的故障现象，使检修人员尽快做出正确的判断，减少检修工作的盲目性。

2）逻辑分析法

逻辑分析法是根据电气控制电路的工作原理、控制环节的动作顺序和各部分电路之间的逻辑关系，结合故障现象进行故障分析的一种方法。它以故障现象为中心，对电路进行分析，达到迅速缩小检查范围、准确判断出故障部位的目的。逻辑分析法能够使貌似复杂的问题逐渐变得条理清晰，是一种以准确为前提、以快捷为目的的检查方法，适用于对复杂线路的故障检查。

3）测量法

测量法是维修电工工作中用来准确确定故障点的有效检查方法。常用的测量工具和仪表有试电笔、校验灯、万用表、钳形电流表、兆欧表、示波器等，测量的方法有电压法（分阶和分段测量法）、电阻法（分阶和分段测量法）、短接法、电流法、元件替代法等，主要是通过对线路进行带电或断电时的有关参数的测量，判断元器件的好坏、设备的绝缘情况及线路的通断情况，查找出故障点。

（1）电压法。在检查电气设备时，经常用测量电压值来判断电器元件和电路的故障点，检查时选择万用表合适的挡位及量程。用图 5-1-1 所示的电压法测量时，万用表选择交流电压 500 V 挡位。

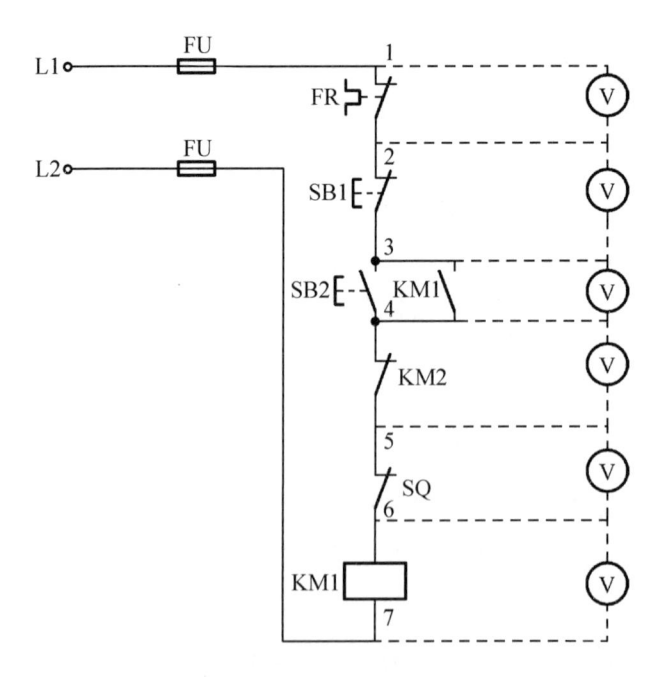

图 5-1-1　电压法

① 分阶测量法。用表测量 1、7 两点电压，若电路正常，应为 380 V。然后，按下启动按钮 SB2 不放，同时将黑色表棒接到 7 点上，红色表棒接 6、5、4、3、2 点（根据标号依次向前移动），分别测量 7-6、7-5、7-4、7-3、7-2 各阶之间的电压。电路正常情况下，各阶电压均为 380 V。如果测到 7-6 之间无电压，说明是断路故障，可将红色表棒前移。当移至某点（如 2 点）时电压正常，说明该点（2、5 点）以前触点或接线是完好的，此点（如 2 点）以后的触点或接线断路，一般是此点后第一个触点（即刚跨过的停止按钮 SB1 的触点）或连线断路。分阶测量法可向上测量，即由 7 点向 1 点测量；也可向下测量，即依次测量 1-2、1-3、1-4、1-5、1-6。但向下测量时，若各阶电压等于电源电压，则说明刚测过的触点或导线已断路，如图 5-1-2 所示。

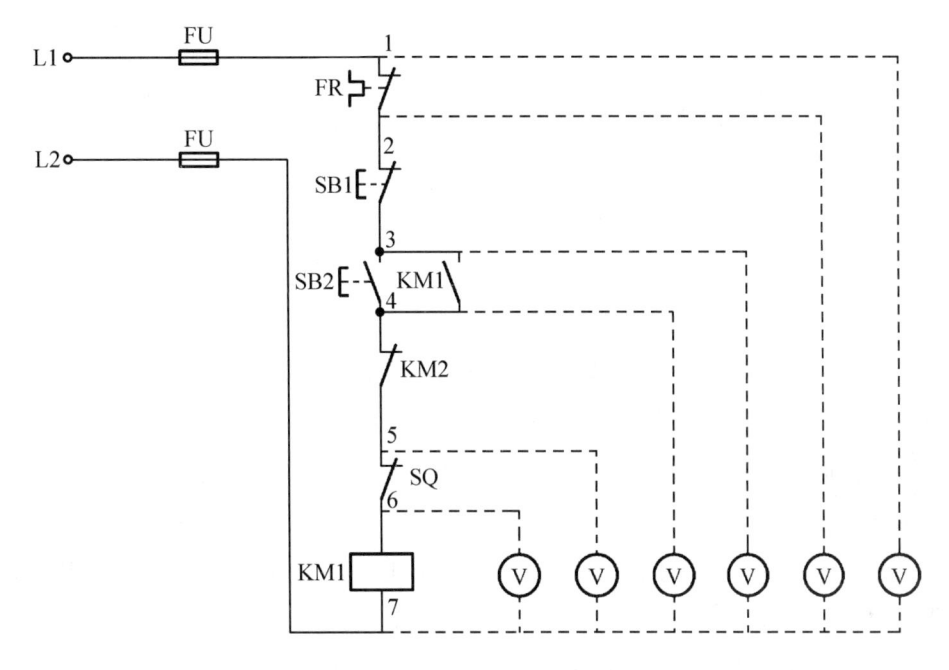

图 5-1-2 电压分阶测量法

② 分段测量法。分段测量法是用红、黑两根表棒逐段测量相邻两标号点 1-2、2-3、3-4、4-5、5-6、6-7 的电压。如果电路正常，除 6-7 两点间的电压等于 380 V 外，其他任意相邻两点间的电压都应为零。如果按下启动按钮 SB2，接触器 KM1 不吸合，说明电路断路。可用电压表逐段测试各相邻两点的电压。如果测量某相邻两点电压为 380 V，说明两点所包括的触点，其连接导线接触不良或断路。例如，标号 4-5 两点间电压为 380 V，说明接触器 KM2 的动断触点接触不良。

（2）电阻法。电阻法是断电测量，所以比较安全，缺点是测量电阻不准确，特别是寄生电路对测量电阻影响较大。而且测量时要注意，该测量点在正常情况与故障情况下电阻要有变化，如果没有变化那么不能说明问题，即不能判断电路是好是坏。

① 分阶测量法。分阶测量法是以电路某一点为基准点（一般选择起点、或终点）放置一表棒，另一表棒在回路中依次测量电阻，通过电阻测量，判别电路是否正常的方法，如图 5-1-3 所示。

② 分段测量法。分段测量法是把电路分成若干段，分别测量各段电阻，通过电阻测量，

判别电路是否正常的方法，如图 5-1-4 所示。

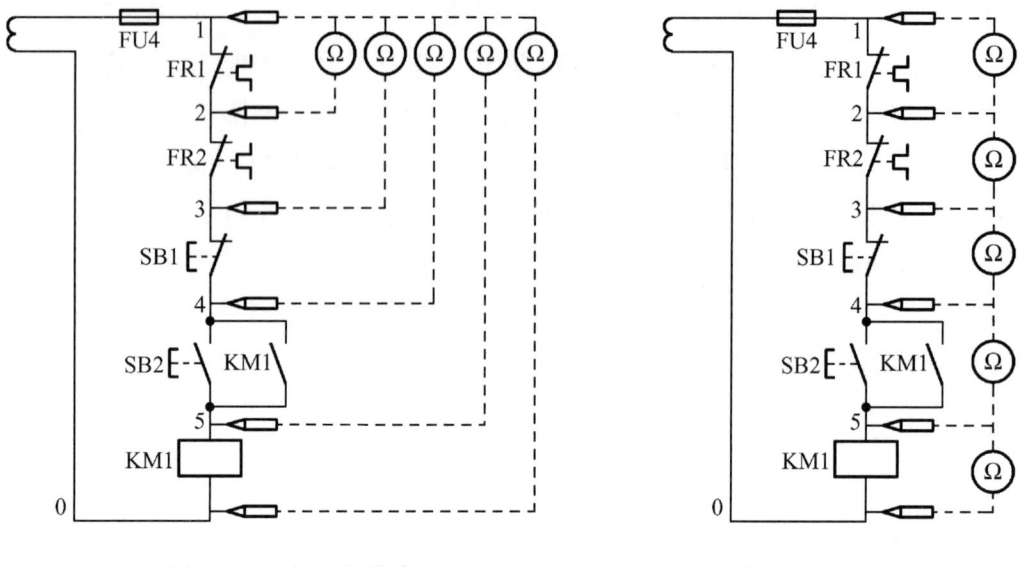

图 5-1-3　电阻分阶法　　　　　　　图 5-1-4　电阻分段法

（3）短接法。短接法就是在怀疑断路的部位用一根绝缘良好的导线短接，若短接处电路接通，则表明该处存在断路或接触不良故障。电气设备的常见故障为断路故障，如导线断路、虚连、虚焊、触点接触不良、熔断器熔断等。短接法要在控制电源正常下才能采用。使用短接法应注意安全，避免发生触电事故，仅适用于压降极小的导线及触点之类的断路故障检查，绝对不能将导线短接在负载两端，以免造成短路故障，也不允许在主回路中使用。

短接法如图 5-1-5 所示，按下启动按钮 SB2 时，若 KM1 不吸合，说明该电路有故障。检查前，先用万用表测量 1-7 两点间电压，若电压正常，可按下启动按钮 SB2 不放，然后用一根绝缘良好的导线，分别短接标号相邻的两点，如 1-2、2-3、3-4、4-5、5-6。当短接到某两点时，接触器 KM1 吸合，说明断路故障就在这两点之间。

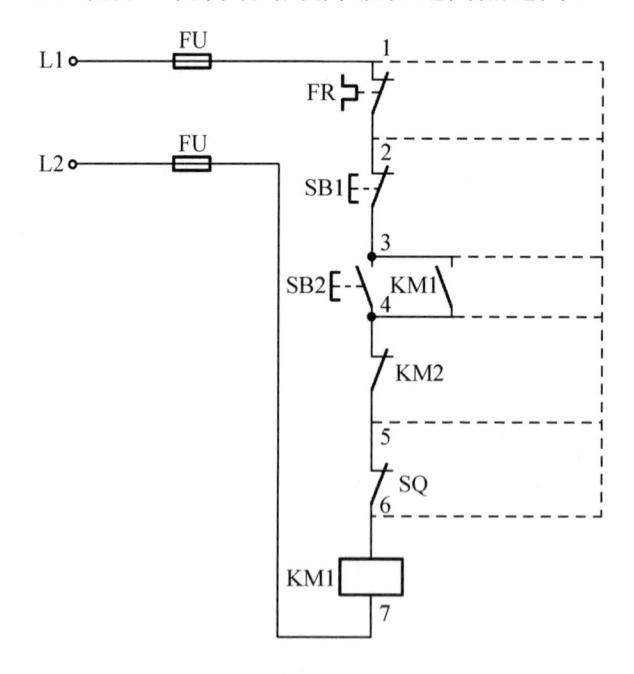

图 5-1-5　短接法

任务实施

1. 在教师的带领下，参观电梯机房及底坑照明中异地控制的效果及功能。
2. 学生根据电气原理图连接电梯照明电路，然后通电检验成果。
3. 试车成功后在保障人身及设备安全的前提下，人为设置故障，然后要求应用两种不同的排故方法检测电路并排除故障。

任务评价

通过以上学习，根据任务完成情况，填写如表 5-1-1 所示的任务评价表，完成任务评价。

表 5-1-1 任务评价表

班级		学号		姓名		
序号	评价内容				要求	评分
1	能简述异地照明电路的功能及绘制原理图				准确绘制图（20分）	
2	熟练使用电类仪表及工具				熟练使用（10分）	
3	应用电阻法能检修电路				正确判断并找出故障点（30分）	
4	应用电压法能检修电路				正确判断并找出故障点（30分）	
5	安全文明规范操作				符合安全操作规程（10分）	
教师评语					总分	

任务 2 电梯检修电路排故

任务呈现

电梯在日常运行中必须要例行维护和保养，而电梯维护和保养时需要电梯上、下运行和停留在井道相关的位置检查及维护，因此电梯有专门的检修电路。机房和轿顶都有检修开关、上行按钮、下行按钮、公共按钮。当打开检修开关以后，电梯只能在慢车状态下运行，按上行按钮加公共按钮上行，按下行按钮加公共按钮下行，且要一直按着，按钮松开，电梯就停止运行。这个功能是方便检修人员把电梯停在合适的位置，或在轿顶查找故障。因此，检修电路是电梯电路中必不可少的电路。

任务要求：读懂检修电路，并能按图完成连接，然后在保证人身及设备安全的情况下人为设置故障，要求根据故障现象分析并排出故障。

知识准备

点动控制电路

点动控制指需要电动机做短时间的断续工作时，只要按下按钮电动机就转动，松开按钮电动机就停止动作的控制。电动机的点动控制是最简单的控制电路，由按钮、接触器来控制电动机的运转。实现点动控制可以将启动按钮直接与接触器的线圈串联，电动机的运行时间由按钮按下的时间决定。

适用场合：点动控制能实现电动机的短时转动，适用于电动机短暂运转，如电动葫芦起吊重物、电梯检修电路中上行或下行。

点动控制电路的原理图如图 5-2-1 所示。

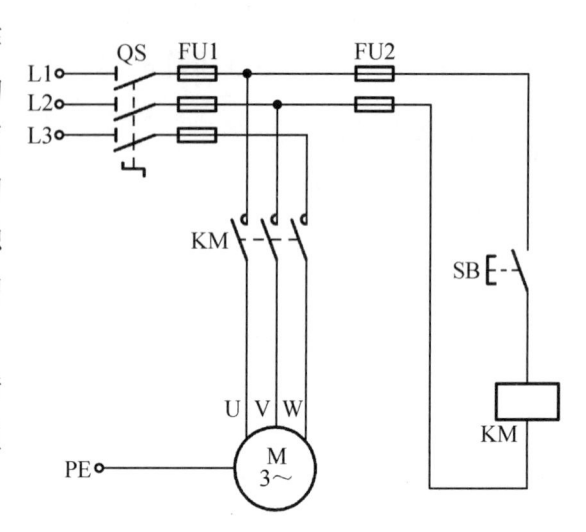

图 5-2-1 点动控制电路的原理图

1．电路的组成

由图 5-2-1 可以看出，点动控制电路的主电路由组合开关 QS、熔断器 FU、交流接触器的主触点 KM、热继电器 FR 和鼠笼式异步电动机 M 组成；控制电路由启动按钮 SB 和交流接触器线圈 KM 组成。

2．工作原理分析

（1）启动过程：合上刀开关 QS→按下启动按钮 SB→接触器线圈 KM 通电→接触器主触点 KM 闭合→电动机 M 通电直接启动。

（2）停止过程：松开启动按钮 SB→接触器线圈 KM 断电→接触器主触点 KM 断开→电动机 M 停电停转。

3．电路特点

点动控制：按下按钮，电动机转动，而松开按钮，电动机停转，即一点就动，一松就停。

任务实施

1．教师发放图纸，学生尝试分析如图 5-2-2 所示的控制电路的原理图，简述检修电路的工作过程。

2．学生在电梯控制实训台中连接线路，检查无误后通电测试。

3．教师在确保人身和设备安全的情况下人为设置故障，要求学生应用电压测量法排除故障。

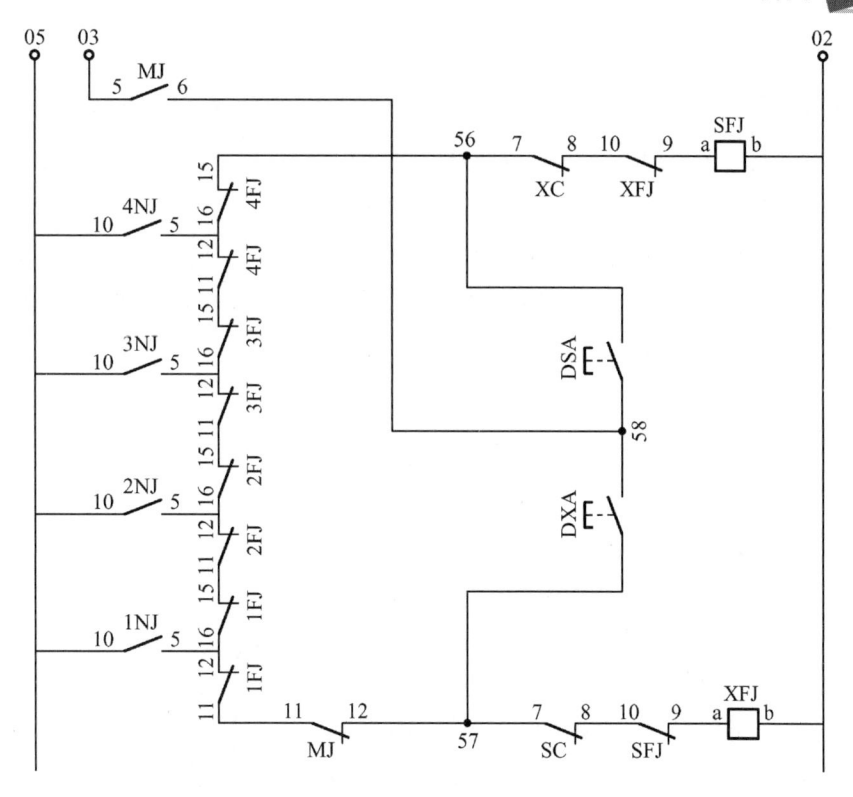

图 5-2-2　控制电路的原理图

任务评价

通过以上学习，根据任务完成情况，填写如表 5-2-1 所示的任务评价表，完成任务评价。

表 5-2-1　任务评价表

班级		学号		姓名	
序号	评价内容			要求	评分
1	能正确简述检修电路原理			准确绘制图（20分）	
2	连线工艺标准			符合电工连线工艺标准（30分）	
3	应用电压法查找判断出故障点			正确判断并找出故障点（40分）	
4	安全文明规范操作			符合安全操作规程（10分）	
教师评语				总分	

任务3　电梯选层电路排故

任务呈现

选层即电梯在定向前和运行中对指令信号运行方式确定应召服务的层楼，它是确定运行方向、保持运行方向、换速停车的依据和条件。具体过程如下：在轿厢操纵箱内安装有与层站数数字相符的指令按钮，按钮内装有指示灯，电梯内乘客按下某层指令按钮（即人要去哪个层站），该指令被登记，该层站按钮内的指示灯亮，当电梯到达预选层楼时，层楼辅助继电器吸合，其动断触点断开，使相应的指令被消除，指示灯也就熄灭，未到达的预选层楼指令按钮内的指示灯仍然亮，直到指令响应后方可熄灭。

任务要求：读懂选层电路，并完成选层电路的连接，然后人为设置故障，灵活应用排故方法排除故障。

知识准备

一、长动控制电路

点动控制仅适合电动机的短时间运转，而实际生产、生活中都需要电动机能够长时间连续运转，如机床、通风机等，这就需要具有连续运转功能的控制电路了。在点动控制电路的基础上增加停止按钮和交流接触器的辅助动合触点（该触点与启动按钮并联）后，即为单向连续运行控制电路，简称连动控制电路，也称起保停控制电路或长动控制电路。长动控制电路图如图 5-3-1 所示。

1. 电路的组成

从图 5-3-1 中可以看出，主电路由刀开关 QS、熔断器 FU1、接触器 KM 的主触点、热继电器 FR 的热元件和电动机 M 构成。控制线路由热继电器 FR 的动断触点、停止按钮 SB1、启动按钮 SB2、接触器 KM 动合触点及它的线圈组成。

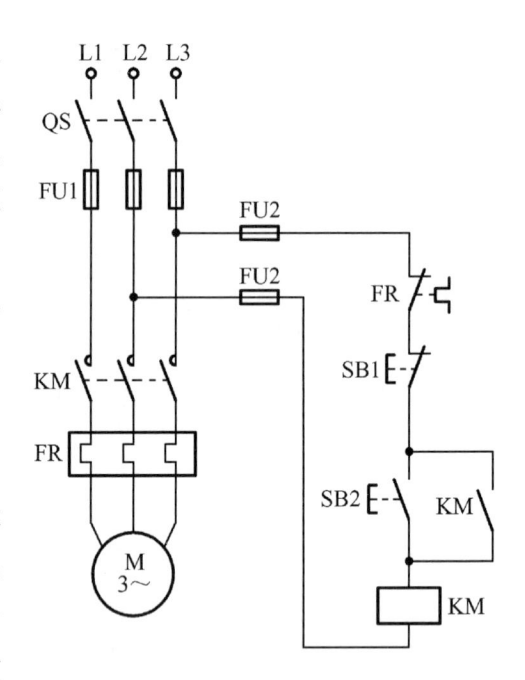

图 5-3-1 长动控制电路图

2. 工作原理分析

通过对图 5-3-1 所示的长动控制电路图的分析，其工作原理如下。

先合上电源开关 QF。

启动控制：

按下 SB1 → KM 线圈得电 → KM 主触点闭合 → 电动机 M 启动连续运转
　　　　　　　　　　　　 → KM 动合辅助触点闭合

停止控制：

按下 SB2 → KM 线圈失电 → KM 主触点分断 → 电动机 M 失电停转
　　　　　　　　　　　　 → KM 动合辅助触点分断

3．电路特点与自锁概念

电路特点：当松开 SB2，其动合触点恢复分断后，因为交流接触器 KM 的动合辅助触点闭合时已将 SB1 短接，控制电路仍保持接通，所以交流接触器 KM 继续得电，电动机 M 实现连续运转。

自锁概念：这种依靠接触器自身动合辅助触点的闭合而使其线圈保持通电的现象称为自锁或自保。起自锁作用的触点称为自锁触点。

二、保护环节

电动机在运行的过程中，除按生产机械的工艺要求完成正常运转外，还必须在线路出现短路、过载、欠压、失压等现象时，能自动切断电源，停止转动，防止和避免发生电气设备和机械设备的损坏事故，保证操作人员的人身安全。常用的电动机的保护有短路保护、过载保护、欠压保护、失压保护等。

1．短路保护

当电动机绕组和导线间的绝缘损坏时，或者控制电器及线路发生故障时，线路将出现短路现象，产生很大的短路电流，使电动机等电器设备严重损坏。因此，在发生短路故障时，保护器必须立即动作，迅速将电源切断。

常用的短路保护器是熔断器和自动空气断路器。熔断器的熔体与被保护的电路串联，当电路正常工作时，熔断器的熔体不起作用，相当于一根导线，其上面的压降很小，可忽略不计。当电路短路时，很大的短路电流流过熔体，使熔体立即熔断，切断电动机电源，电动机停转。同样，若电路中接入自动空气断路器，当出现短路时，自动空气断路器会立即动作，切断电源使电动机停转。

2．过载保护

当电动机负载过大，启动操作频繁或缺相运行时，会使电动机的工作电流长时间超过其额定电流，电动机绕组过热，温升超过其允许值，导致电动机的绝缘材料变脆，寿命缩短，严重时会使电动机损坏。因此，当电动机过载时，保护电器应立即动作，切断电源，使电动机停转，避免电动机在过载下运行。

常用的过载保护电器是热继电器。当电动机的工作电流等于额定电流时，热继电器不动作，电动机正常工作；当电动机短时过载或过载电流较小时，热继电器不动作，或经过较长时间才动作；当电动机过载电流较大时，串接在主电路中的热元件会在较短时内发热弯曲，使串接在控制电路中的动断触点断开，先后切断控制电路和主电路的电源，使电动机停转。

3．欠压保护

当电网电压降低，电动机便在欠压下运行。由于电动机负载没有改变，所以欠压下电动机转速下降，定子绕组中的电流增加。因此，电流增加的幅度尚不足以使熔断器和热继电器动作，所以这两种电器起不到保护作用。如果不采取保护措施，时间一长，将使电动机过热损坏。另外,欠压将引起一些电器释放,使电路不能正常工作,也可能造成人身伤害和设备损坏。因此,应避免电动机在欠压下运行。

实现欠压保护的电器是接触器和电磁式电压继电器。一般当电网电压低于额定电压的85%时,接触器(电磁式电压继电器)线圈产生的电磁吸力减小到复位弹簧的拉力,动铁芯被释放,其主触点和自锁触点同时断开,切断主电路和控制电路电源,使电动机停转。

4. 失压保护(零压保护)

生产机械在工作时,由于某种原因发生电网突然停电,这时电源电压下降为零,电动机停转,生产机械的运动部件随之停止转动。一般情况下,操作人员不可能及时拉开电源开关,如果不采取措施,当电源恢复正常时,电动机会自行启动运转,很可能造成人身伤害和设备损坏,并引起电网过电流和瞬间网络电压下降。因此,必须采取失压保护措施。

在电气控制线路中,起失压保护作用的电器是接触器和中间继电器。当电网停电时,接触器和中间继电器线圈中的电流消失,电磁吸力减小为零,动铁芯释放,触点复位,切断了主电路和控制电路电源。当电网恢复供电时,若不重新按下启动按钮,则电动机就不会自行启动,实现了失压保护。

任务实施

1. 教师发放图纸,学生尝试分析如图 5-3-2 的选层控制电路的原理,简述选层控制电路的工作过程。

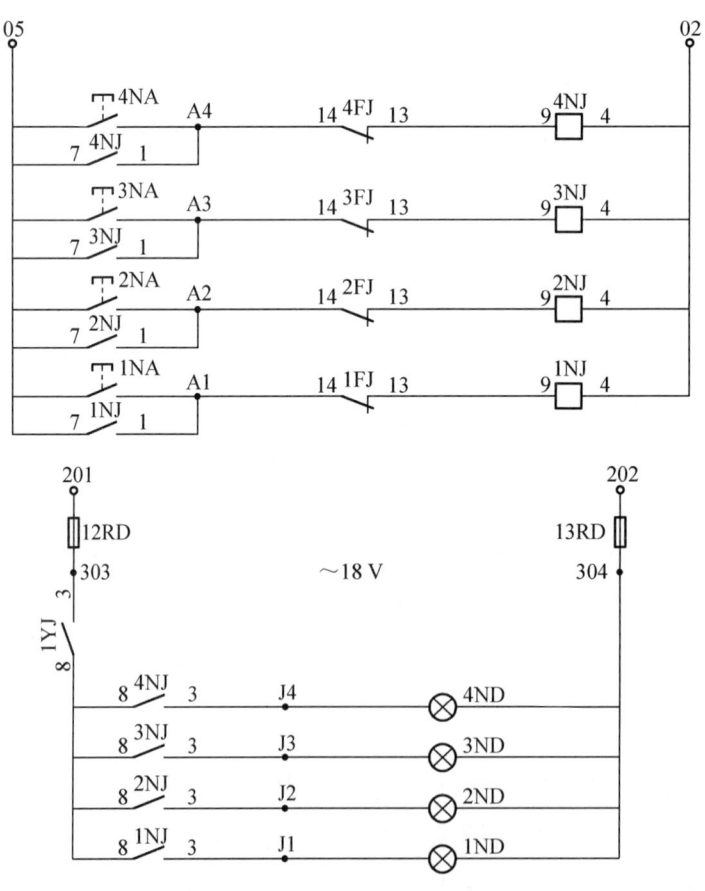

图 5-3-2 选层控制电路

2. 学生在电梯控制实训台中连接线路，检查无误后通电测试。
3. 教师在确保人身和设备安全的情况下人为出故障，要求学生应用电压法排除故障。

任务评价

通过以上学习，根据任务完成情况，填写如表 5-3-1 所示的任务评价表，完成任务评价。

表 5-3-1 任务评价表

班级		学号		姓名	
序号	评价内容			要求	评分
1	能正确简述选层电路原理			正确描述（20分）	
2	连线工艺标准			符合电工连线工艺标准（30分）	
3	应用电压法查找判断出故障点			正确判断并找出故障点（40分）	
4	安全文明规范操作			符合安全操作规程（10分）	
教师评语				总分	

任务4　电梯安全回路排故

任务呈现

电梯是垂直运输的交通工具，长时间频繁地运送乘客或货物在井道空间上、下运行，一旦发生某种危险，如果没有设置停止电梯运行装置，可以想象乘客会发生坠落、撞击和被困等事故。在这种情况下，将会严重影响人身的安全、损坏设备。所以，为了确保电梯在运行中的安全，电梯在设计时已设置了多种机械安全装置和电气安全装置。若电梯处在某种危险状态下，相关继电器相对应的开关动作，切断控制电源，继电器失电释放，使电梯停止运行。

任务要求：读懂安全回路，并完成该电路的连接，通电成功后再人为设置故障，灵活应用排故方法排除故障。

知识准备

多地控制电路

在一些大型生产机械和设备上，要求操作人员在不同方位能进行操作与控制，即实现多地控制。能在两地或多地控制同一台电动机的方式叫作电动机的多地控制。多地控制是用多组启动按钮和停止按钮来进行控制的。

多地控制电路图如图 5-4-1 所示。

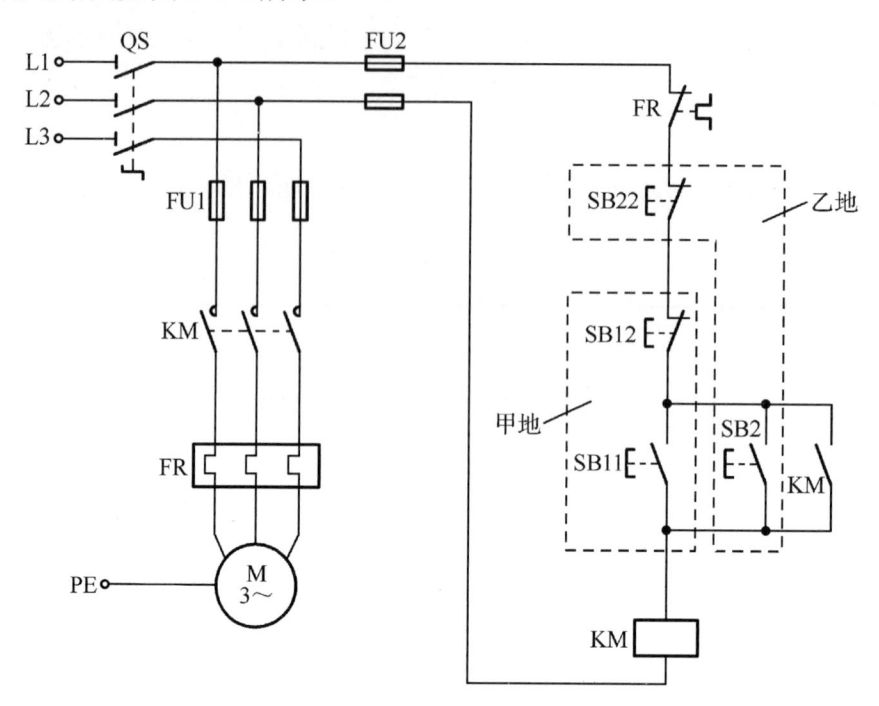

图 5-4-1 多地控制电路图

（1）电路说明：图 5-4-1 中，SB11、SB12 为安装在甲地的启动按钮；SB21、SB22 为安装在乙地的启动按钮。

（2）线路特点：两地的启动按钮 SB11、SB21 要并联在一起；停止按钮 SB12、SB22 要串联在一起。这样就可以分别在甲、乙两地启动和停止同一台电动机，达到操作方便的目的。

（3）工作原理如下。

先合上电源开关 QS。

甲地启动：

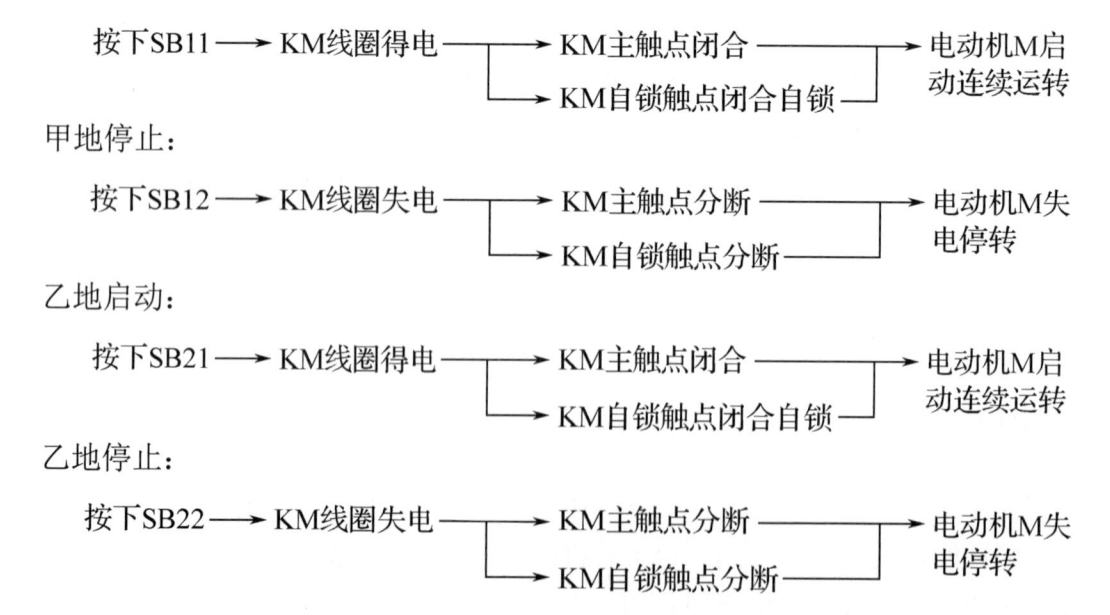

按下 SB11 → KM 线圈得电 → KM 主触点闭合 → 电动机 M 启动连续运转
　　　　　　　　　　　　 → KM 自锁触点闭合自锁

甲地停止：

按下 SB12 → KM 线圈失电 → KM 主触点分断 → 电动机 M 失电停转
　　　　　　　　　　　　 → KM 自锁触点分断

乙地启动：

按下 SB21 → KM 线圈得电 → KM 主触点闭合 → 电动机 M 启动连续运转
　　　　　　　　　　　　 → KM 自锁触点闭合自锁

乙地停止：

按下 SB22 → KM 线圈失电 → KM 主触点分断 → 电动机 M 失电停转
　　　　　　　　　　　　 → KM 自锁触点分断

项目 五 控制电路

任务实施

1. 教师带领学生参观电梯各种开关及它们的位置，并介绍它们的作用。
2. 学生尝试分析原理图，简述如图 5-4-2 所示的安全回路电路的工作过程。
3. 学生在电梯控制实训台中连接线路，检查无误后通电测试。
4. 教师在确保人身和设备安全的情况下人为设置故障，要求学生应用电压法排除故障。

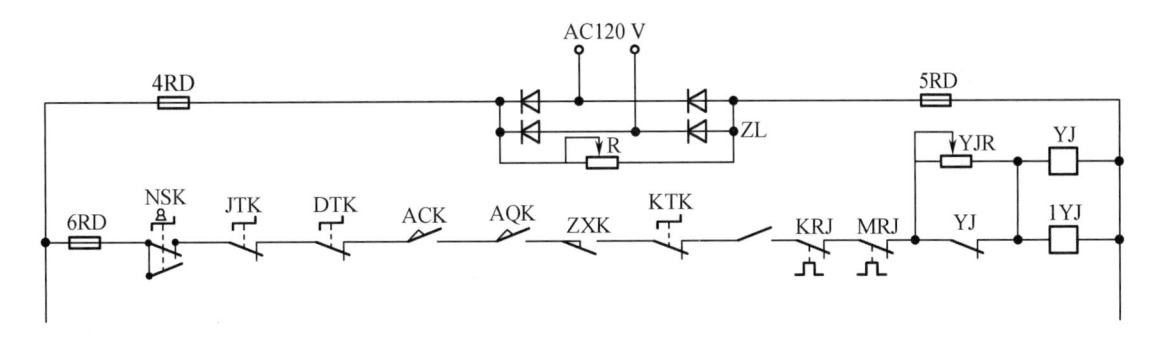

图 5-4-2 安全回路电路

任务评价

通过以上学习，根据任务完成情况，填写如表 5-4-1 所示的任务评价表，完成任务评价。

表 5-4-1 任务评价表

班级		学号		姓名	
序号	评价内容			要求	评分
1	能正确识别开关的名称和位置，并了解其作用			准确描述（20分）	
2	连线工艺标准			符合电工连线工艺标准（30分）	
3	应用电压法查找判断出故障点			正确判断并找出故障点（40分）	
4	安全文明规范操作			符合安全操作规程（10分）	
教师评语				总分	

任务 5　电梯运行电路排故

任务呈现

在生产中，许多机械设备往往要求运动部件能向正、反两个方向运动，如机床工作台的前进与后退、起重机的上升与下降等。通过改变通入电动机定子绕组的三相电源相序，即把接入电动机的三相电源进线中的任意两根对调,电动机即可反转。电梯上下运行也是通过电机的正反转实现的。

任务要求:读懂电梯的运行电路,并完成电路的连接,而后人为设置故障,要求能灵活应用排故方法排除故障。

知识准备

正反转控制电路

1. 正反转原理

在三相电源中,各相电压经过同一值(最大值或最小值)的先后次序称为三相电源的相序。如果各相电压的次序为 A—B—C(或 B—C—A,C—A—B),则这样的相序称为正序或顺序。如果各相电压经过同一值的先后次序为 A—C—B(或 B—A—C,C—B—A),则这种相序称为负序或逆序。

根据电动机原理,当改变三相交流电动机的电源相序时,电动机便可改变转动方向,即把接入电动机的三相电源进线中的任意两根对调,电动机可实现反转。

2. 控制要求

电动机正反转控制电路最基本的要求就是实现正转和反转,但三相异步电动机原理与结构决定了电动机在正转时不可能马上实现反转,必须要停车之后才能开始反转,故三相异步电动机正反转控制要求如下。

(1)当电动机处于停止状态时,此时可按下正转启动按钮,也可按下反转启动按钮。
(2)当电动机正转启动后,可通过按钮控制其停车,随后进行反转启动。
(3)同理,当电动机反转启动后,可通过按钮控制其停车,随后进行正转启动。

3. 基本控制电路

图 5-5-1 所示为两个接触器的电动机正反转控制电路。

图 5-5-1 的工作原理分析:按下 SB2 时,接触器 KM1 线圈得电,电源和电动机通过接触器 KM1 主触点接通,引入电源相序为 L1—L2—L3,电动机正转;按下停止按钮 SB1 时,接触器 KM1 线圈失电,电动机停止运转;按下 SB3 时,接触器 KM2 线圈得电,电源和电动机通过接触器 KM2 主触点接通,引入电源相序为 L3—L2—L1,电动机反转。

4. 互锁

在图 5-5-1 所示的电路中,若同时按下 SB2 和 SB3,则接触器 KM1 和接触器 KM2 线圈同时得电并自锁,它们的主触点都闭合,这时会造成电动机三相电源的相间短路。

为了避免正反转时,两个接触器同时得电而造成电源相间短路,就要在这两个相反方向的单向运行线路上加设必要的互锁。

互锁也称为联锁,就是指接触器相互制约,两个接触器利用自己的辅助触点去控制对方的线圈回路，进行状态保持或功能限制。起互锁作用的触点称为互锁触点。互锁可分为电气互锁和机械互锁。

电气互锁也称接触器互锁，即将其中一个接触器的动断触点串入另一个接触器线圈电路中，在任一接触器线圈先带电后，即使按下相反方向按钮，另一接触器也无法得电，这种联锁通常称为互锁，即二者存在相互制约的关系。

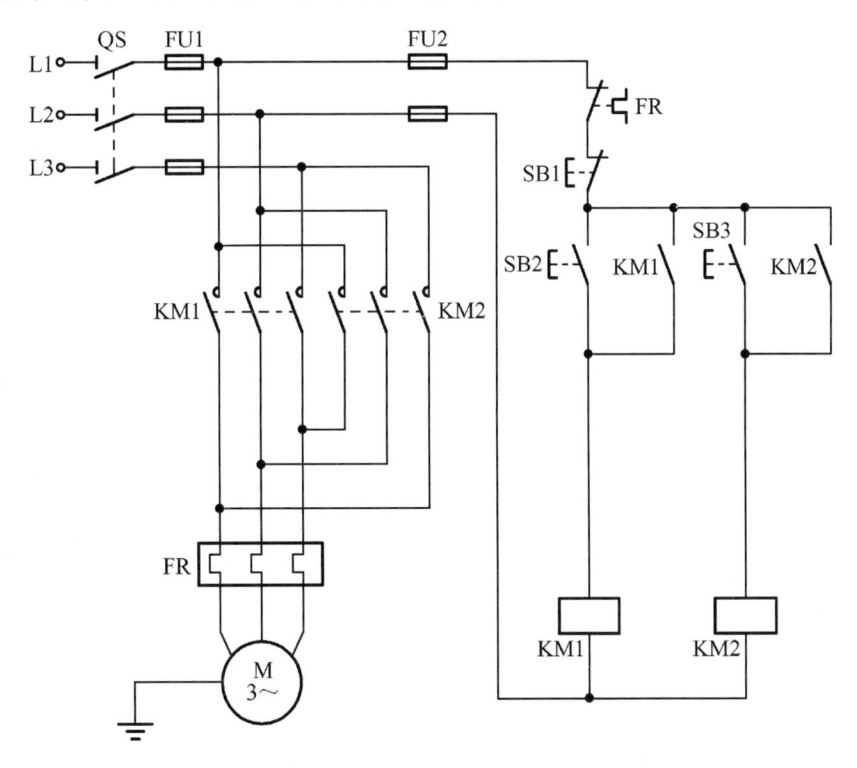

图 5-5-1 两个接触器的电动机正、反转控制电路

机械互锁也称按钮互锁，即将复合按钮动合触点作为启动按钮，将复合按钮的动断触点接入对方线圈回路中，这样只要按下按钮就自然切断了对方线圈回路，对方接触器无法得电，起到相互制约的作用，实现了互锁。机械互锁的缺点在于，如果接触器的主触点出现粘连故障会发生短路。

5．接触器互锁的控制电路

在图 5-5-2 所示的接触器互锁的电动机正反转控制电路中，分别将两个接触器 KM1、KM2 动断辅助触点串接在对方线圈的回路里，这样形成相互制约的控制，即一个接触器通电时，其动断辅助触点会断开，使另一个接触器的线圈支路不能通电。

接触器互锁的电动机正反转控制电路的工作原理如下。

合上电源开关 QS。

正向控制。按下正向启动按钮 SB2，接触器 KM1 线圈通电，与 SB2 并联的 KM1 动合辅助触点闭合，以保证 KM1 线圈持续通电，串联在电动机回路中的 KM1 的主触点持续闭合，电动机连续正向运转。

停止。按下停止按钮 SB1，接触器 KM1 线圈断电，与 SB2 并联的 KM1 的辅助触点断开，以保证 KM1 线圈持续失电，串联在电动机回路中的 KM1 的主触点持续断开，切断电动机定子电源，电动机停转。

反向控制。按下反向启动按钮SB3，接触器KM2线圈通电，与SB3并联的KM2的动合辅助触点闭合，以保证KM2线圈持续通电，串联在电动机回路中的KM2的主触点持续闭合，电动机连续反向运转。

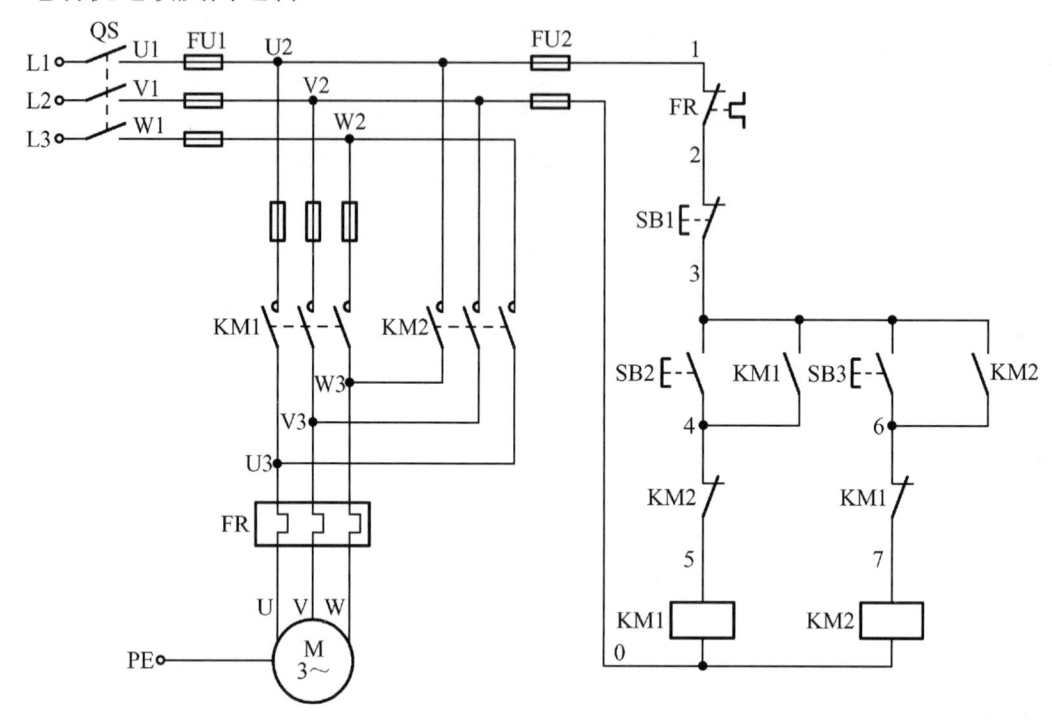

图 5-5-2　接触器互锁的电动机正反转控制电路

由以上分析可知，在接触器互锁的电动机正反转控制电路中，当电动机要从正转变为反转时，必须按下停止按钮后，才能按反转启动按钮；否则，由于接触器的联锁作用，不能实现反转。

可见，接触器互锁的电动机正反转控制电路在工作时安全可靠，但操作不太方便，适用于对换向速度无要求的场合。

6．按钮与接触器双重互锁的控制电路

为了克服接触器互锁的电动机正反转控制电路操作不方便的缺点，可采用按钮与接触器双重互锁的电动机正反转控制电路，如图 5-5-3 所示。

（1）工作原理如下。

先合上电源开关QS。

正转控制：

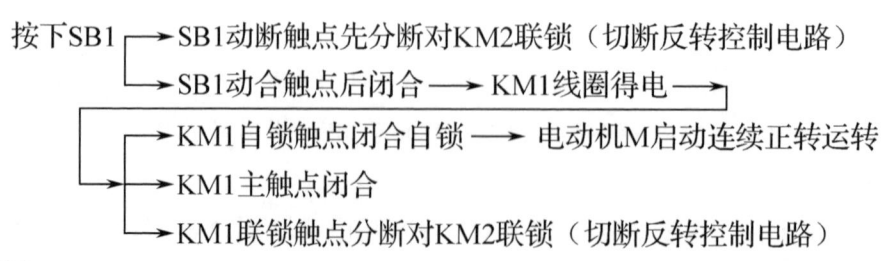

按下SB1 → SB1动断触点先分断对KM2联锁（切断反转控制电路）
　　　　→ SB1动合触点后闭合 → KM1线圈得电
　　　　→ KM1自锁触点闭合自锁 → 电动机M启动连续正转运转
　　　　→ KM1主触点闭合
　　　　→ KM1联锁触点分断对KM2联锁（切断反转控制电路）

反转控制：

按SB2 → SB2常闭先分断 → KM1线圈失电
- → KM1联锁触点恢复闭合
- → KM1动合辅助触点断开
- → KM1主触断开 → 电机M停转

→ SB2动合触点后闭合 → KM2线圈得电 →
- → KM2自锁触点闭合自锁 → 电动机M启动连续反转运转
- → KM2主触点闭合
- → KM2联锁触点分断对KM1联锁（切断正转控制电路）

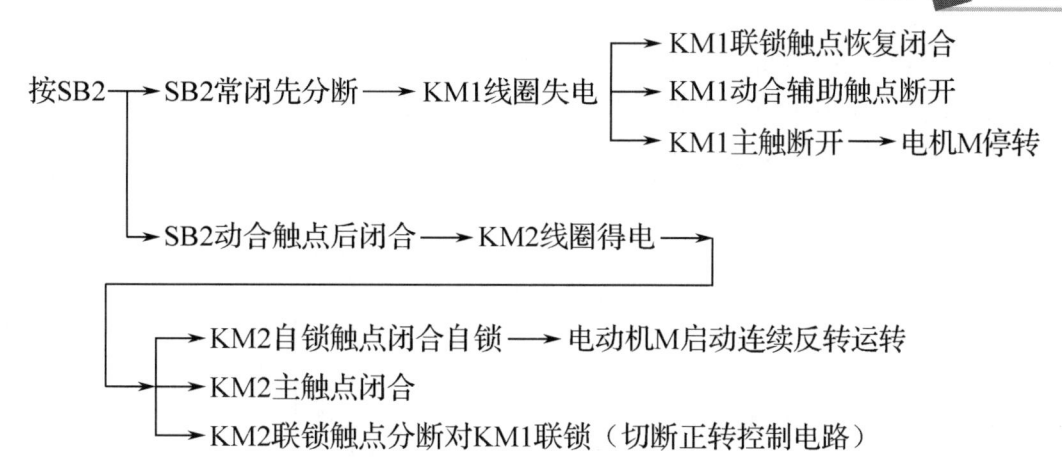

停止：

按下 SB3 → 控制电路失电 → 接触器线圈失电 → 接触器主触点分断 → 电动机 M 停转

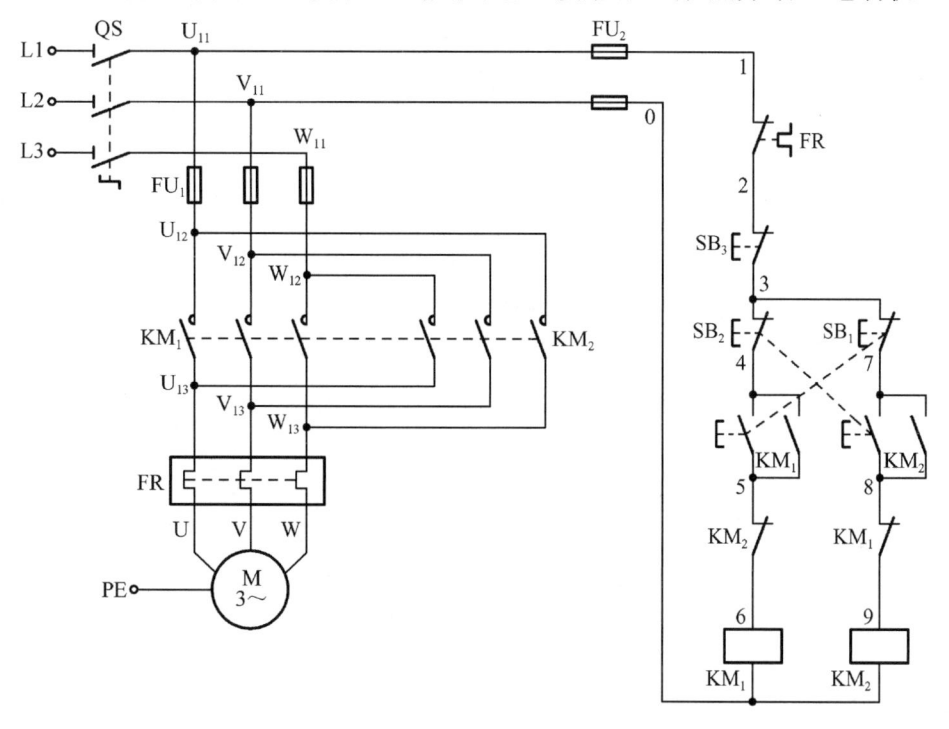

图 5-5-3 双重互锁的电动机正反转控制电路

（2）双重联锁控制电路的优缺点如下。

① 优点：按钮与接触器双重联锁的电动机正反转控制线路是按钮联锁的电动机正反转控制线路和接触器联锁的电动机正反转控制线路组合在一起而形成的一个新电路，所以它兼有以上两种电路的优点，既操作方便，又安全可靠，不会造成电源两相短路的故障。

② 缺点：电路就是比较复杂，连接电路比较困难，容易出现连接错误，而造成电路发生故障。

由上分析可知，双重互锁的电动机正反转控制电路使电路操作方便、工作安全可靠，在机械设备的控制中被广泛采用。

任务实施

1. 教师带领学生参观电梯机房，观察上、下行接触器的吸合及曳引机的运行。

2．学生尝试分析、简述如图 5-5-4 所示的运行控制电路的工作原理。

3．学生在电梯控制实训台中连接线路，检查无误后通电测试。

4．教师在确保人身和设备安全的情况下人为设置故障，要求学生应用电阻法或电压法排除故障。

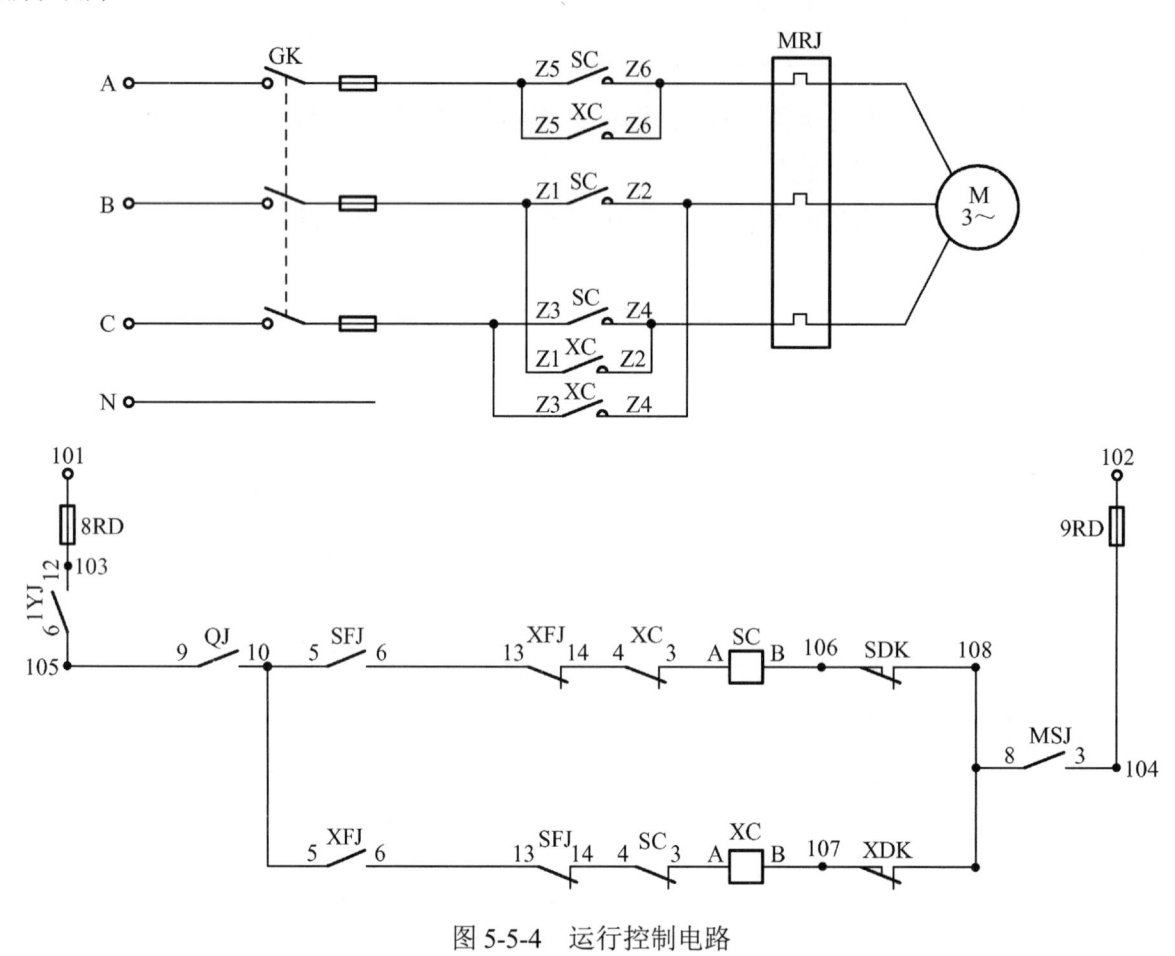

图 5-5-4　运行控制电路

任务评价

通过以上学习，根据任务完成情况，填写如表 5-5-1 所示的任务评价表，完成任务评价。

表 5-5-1　任务评价表

班级		学号		姓名	
序号	评价内容			要求	评分
1	能正确简述运行电路的工作原理			准确描述（20分）	
2	连线工艺标准			符合电工连线工艺标准（30分）	
3	能灵活分析、判断出故障点			正确判断并找出故障点（40分）	
4	安全文明规范操作			符合安全操作规程（10分）	
教师评语				总分	

任务6　电梯启动电路安装调试

任务呈现

电动机通电后由静止状态逐渐加速到稳定运行状态的过程称为电动机的启动，电动机有直接启动和间接启动两种方式。直接启动也称为全电压启动或全压启动，直接启动电流一般可达额定电流的4~7倍，过大的启动电流将导致电源变压器输出电压大幅度下降，会减小电动机本身的启动转矩，还将影响同一供电网络中其他设备的正常工作，甚至使它们停转或无法启动。因此，对于较大容量（大于 10 kW）的电动机，一般采用降压启动的方式降低启动电流。电梯启动运行也一样，在满足启动条件后，能迅速地可靠启动，启动时间越短越好。但是时间太短，会使启动时冲击过大，造成部件损坏，乘坐舒适感降低。

任务要求：读懂启动运行电路，描述工作过程，并完成启动运行电路的连接，检查无误后通电测试。

知识准备

一、降压启动

降压启动是指利用启动设备或线路，降低加在电动机绕组上的电压进行启动，待电动机启动运转后，再使其电压恢复到额定值，正常运转。由于电流随电压的降低而减少，所以降压启动达到了减小启动电流的目的；同时由于电动机转矩与电压的二次方成正比，所以降压启动将导致电动机的启动转矩大大降低，因此降压启动需要在空载或轻载下进行。

常用的降压启动方法有定子绕组串电阻（或电抗）启动、星-三角降压启动、自耦变压器降压启动等。

二、时间继电器

时间继电器是指当加入（或去掉）输入的动作信号后，其输出电路需经过规定的准确时间才产生跳跃式变化（或触点动作）的一种继电器。其主要功能是作为简单程序控制中的一种执行器件，当它接受了启动信号后开始计时，计时结束后它的工作触点进行开或合的动作，从而推动后续的电路工作。一般来说，时间继电器的延时性能在设计的范围内是可以调节的，从而方便调整它的延时时间。它的种类很多，有空气阻尼型、电动型和电子型等。

（1）晶体管时间继电器是目前时间继电器中发展快、品种数量较多、应用较广的一种。它和其他时间继电器一样，是一种触点延时接通或断开的控制器，由延时环节、比较环节、执行环节三个基本环节组成。

图 5-6-1 所示是 JS20 系列的晶体管时间继电器。JS20 系列继电器是全国统一设计产品，与国内同类产品相比，它有通用、系列性强、工作稳定可靠、精度高、延时范围广、输出接点容量较大等特点。继电器适用于交流 50 Hz、电压 380 V 及以下或直流电压 110 V 及以下的控制电路中，作为控制时间的元件，以延时接通或分断电路。

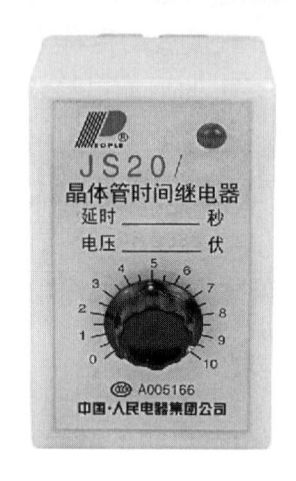

图 5-6-1　JS20 系列的晶体管时间继电器

时间继电器在控制系统中的作用是通电延时和断电延时。时间继电器按延时方式可分为通电延时型和断电延时型。通电延时型时间继电器的特点是线圈得电，触点不立即动作而是延时动作，线圈失电，触点立即复位；断电延时型时间继电器的特点是线圈得电，触点立即动作，线圈失电，触点不立即复位而是延时复位。

时间继电器的图形符号和文字符号如图 5-6-2 所示。

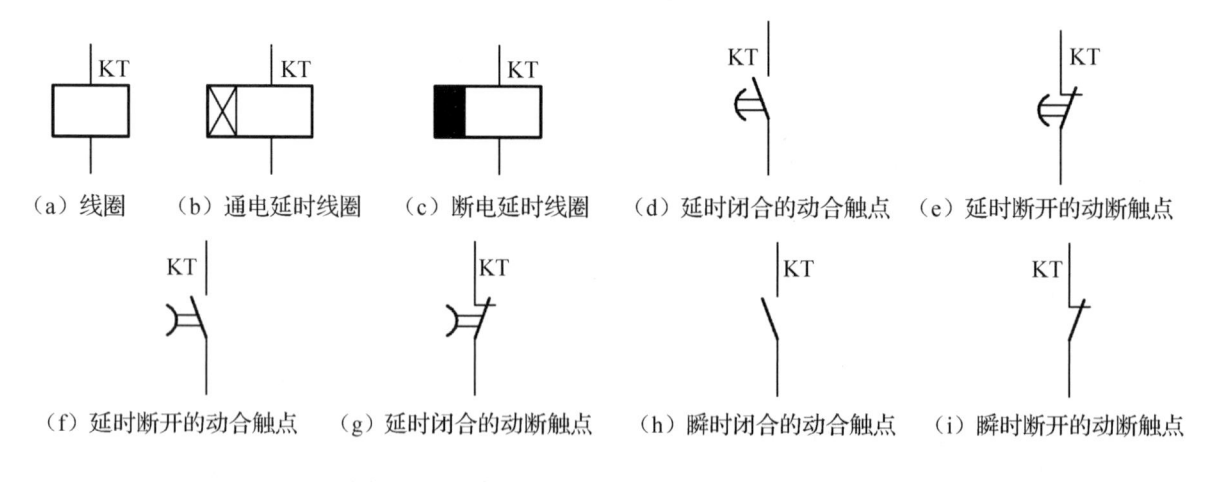

（a）线圈　（b）通电延时线圈　（c）断电延时线圈　（d）延时闭合的动合触点　（e）延时断开的动断触点

（f）延时断开的动合触点　（g）延时闭合的动断触点　（h）瞬时闭合的动合触点　（i）瞬时断开的动断触点

图 5-6-2　时间继电器的图形符号和文字符号

（2）RC 电路（电阻-电容电路）充当时间继电器功能。它是由电阻、电容串联后再与继电器线圈并联。R 与 C 的乘积叫 RC 电路的时间常数，用 τ 表示，即 $\tau = RC$。充电和放电的快慢可以用 τ 来衡量。τ 越大，充电越慢，放电也越慢。这说明 R 和 C 的大小影响着充、放电时间的长短。若电容器充电时，电路中的电阻一定时，电容量越大，达到同一电压所需要的电荷就越多，因此所需要的时间就越长；若电容器一定时，电阻值越大，充电电流就越小，因此充电到同样的电荷值所需要的时间就越长。放电规律也是如此。

三、定子绕组串接电阻降压启动电路

定子绕组串接电阻降压启动的方法是指电动机启动时在电子绕组上串接电阻或电抗器，启动电流在电阻或电抗上产生电压降，使定子绕组上的电压低于电源电压，启动电流减小；待电动机转速接近额定转速时，再将电阻或电抗器切除，使电动机在额定电压下正常运行。

串电阻降压启动主要有手动控制、时间继电器自动控制、按钮与接触器控制、手动自动混合控制等形式。图 5-6-3 所示为时间继电器自动控制的定子绕组串接电阻降压启动控制电路。

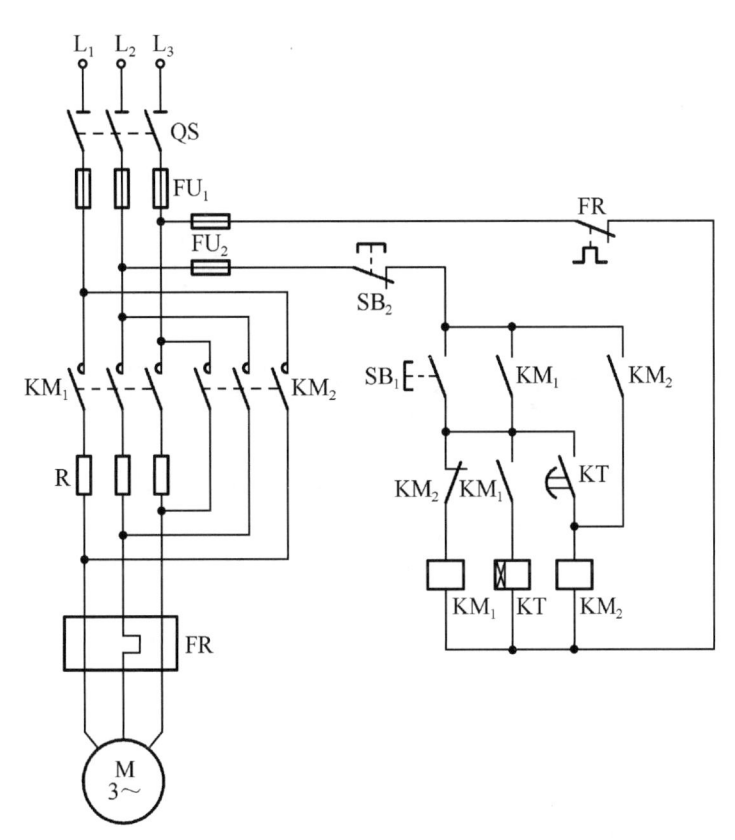

图 5-6-3 时间继电器自动控制的定子绕组串接电阻降压启动控制电路

其工作原理如下。

合上刀开关 QS，当按下启动按钮 SB1 后，接触器 KM1 线圈得电，KM1 主触点闭合，KM1 自锁动合辅助触点闭合自锁，电动机 M 串电阻 R 降压启动；与此同时，与时间继电器 KT 线圈串联的 KM1 动合辅助触点闭合，使时间继电器 KT 线圈得电吸合，开始延时；延时时间到后，KT 延时闭合的动合触点闭合，接触器 KM2 线圈得电，KM2 主触点闭合，启动电阻 R 被短接，KM2 自锁动合辅助触点闭合，电动机全压正常运行，同时 KM2 动断

辅助触点断开，KM1、KT 线圈断电释放，完成启动过程。

按下停止按钮 SB2 即可使接触器 KM2 线圈失电，电动机停止运行。

定子绕组串接电阻降压启动方式不受电动机接线形式的限制，较为方便，但启动时减小了电动机启动转矩，在电阻上功率损耗较大，消耗了大量的电能。如果频繁启动，电阻的温度就会升高，对设备产生一定的影响，所以串电阻降压启动不宜用于经常启动的电动机上，并且常常用电抗器代替电阻。

四、星-三角降压启动

一般的鼠笼式异步电动机的接线盒中有 6 根引出线，标有 U1、V1、W1、U2、V2、W2。其中，U1、U2 是第一相绕组的两端，V1、V2 是第二相绕组的两端，W1、W2 是第三相绕组的两端。如果 U1、V1、W1 分别为三相绕组的始端，则 U2、V2、W2 是相应的末端。

这 6 个引出端在接通电源之前，相互间必须正确连接，连接方法有星形连接和三角形连接两种形式，如图 5-6-4 所示。

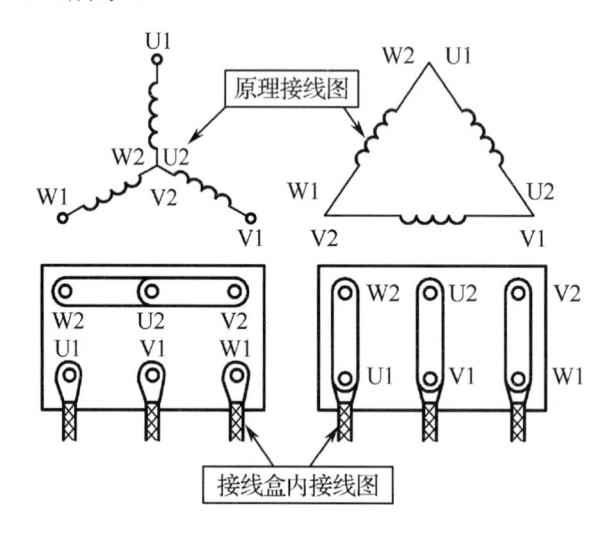

图 5-6-4 星-三角连接

星-三角降压启动是指电动机启动时，使定子绕组接成星形连接，以降低启动电压，限制启动电流；电动机启动后，当转速上升到接近额定值时，再把定子绕组改接为三角形连接，使电动机在额定电压下运行。

时间继电器自动控制的星-三角降压启动电路如图 5-6-5 所示。

该电路由三个接触器、一个热继电器、一个时间继电器和两个按钮等组成。接触器 KM 做引入电源，接触器 KM$_Y$ 和 KM$_\triangle$ 分别用作星形降压启动和三角形运行，时间继电器 KT 用作控制星形降压启动时间和完成星-三角连接的自动切换。SB1 是启动按钮，SB2 是停止按钮，FU1 做主电路的短路保护，FU2 做控制电路的短路保护，KH 做过载保护。

线路的工作原理如下。

按下 SB2 后，接触器 KM1 得电并自锁，同时 KT、KM3 也得电，KM1、KM3 主触点同时闭合，电动机以星形接法启动。当电动机转速接近正常转速时，到达通电延时型时间继电器 KT 的整定时间，其延时动断触点断开，KM3 线圈断电，延时动合触点闭合，KM2 线圈得电，同时 KT 线圈也失电。这时，KM1、KM2 主触点处于闭合状态，电动机绕组转换为三角形连接，电动机全压运行。图 5-6-5 中把 KM2、KM3 的动断触点串联到对方线圈电路中，构成"互锁"电路，避免 KM2 与 KM3 同时闭合，引起电源短路。在电动机星-三角降压启动过程中，绕组的自动切换由时间继电器 KT 延时动作来控制。这种控制方式称为按时间原则控制，它在机床自动控制中得到广泛应用。KT 延时的长短应根据启动过程所需时间来整定。停止时，按下 SB1 即可。

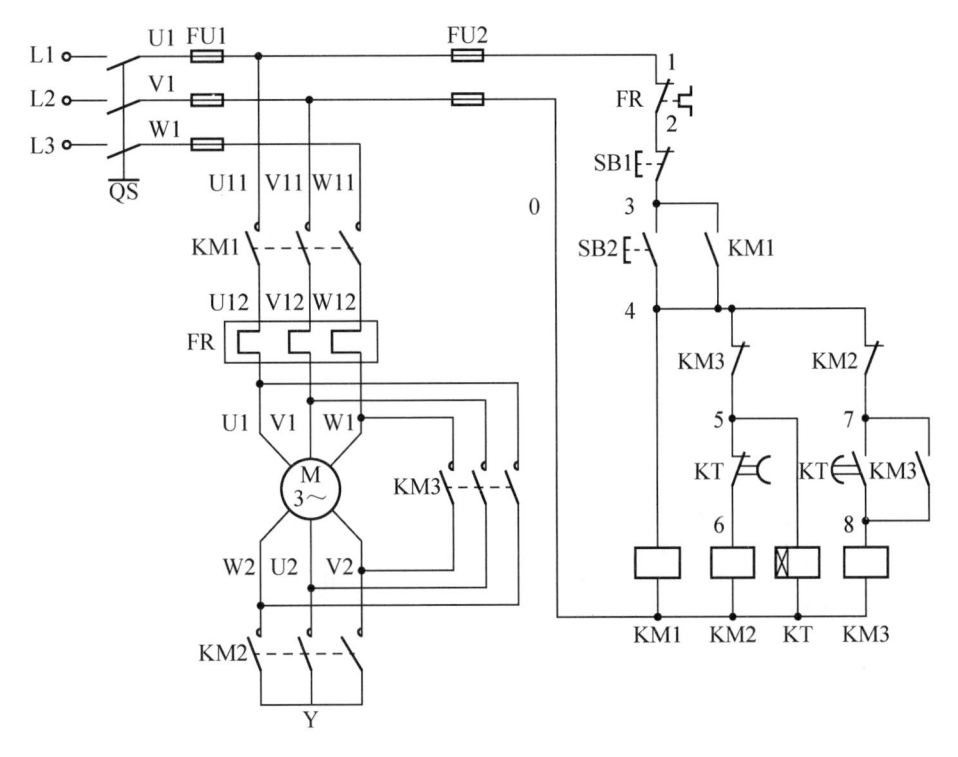

图 5-6-5 星-三角形降压启动电路

凡是正常运行时定子绕组接成三角形的电动机，均可采用星-三角降压启动。定子绕组 Y 连接时，启动电压为直接采用三角形连接时的 $1/\sqrt{3}$，启动电流为三角形连接时的 1/3，启动转矩也只有三角形连接时的 1/3。这种启动方法的优点是启动设备简单、成本低、运行比较可靠、维护方便，所以广泛使用。其缺点是转矩特性差，适用于轻载或空载启动的场合。此外，星-三角连接时要注意其旋转方向的一致性。

任务实施

1. 教师带领学生参观电梯机房，观察降压绕组的继电器吸合顺序及曳引机的速度变化，并测量电容继电器电路的电压变化。

2. 学生尝试分析如图 5-6-6 所示的启动控制电路的原理，简述运行电路的工作过程。

3. 学生在电梯控制实训室中连接线路，检查无误后通电测试。

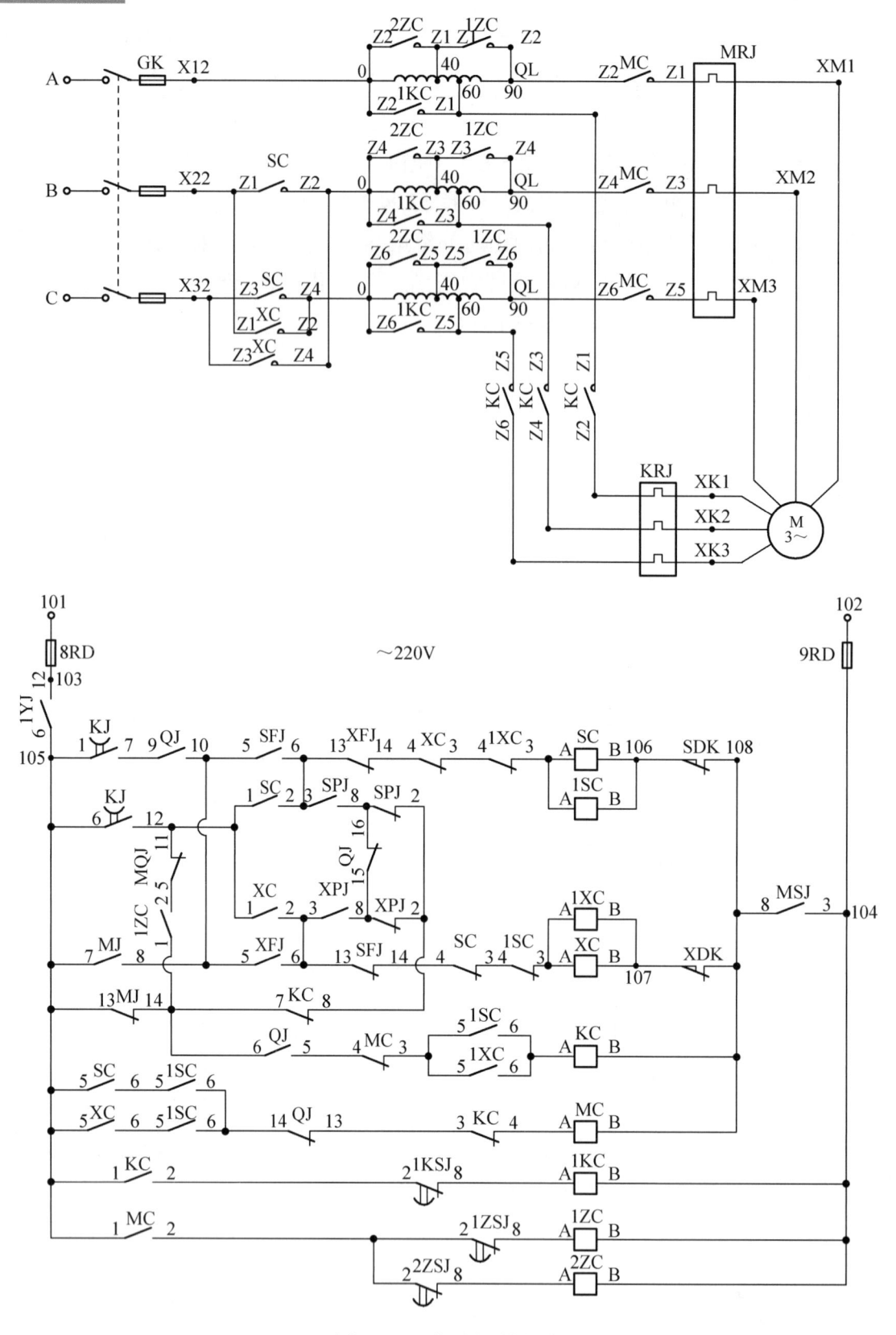

图 5-6-6 启动控制电路

任务评价

通过以上学习，根据任务完成情况，填写如表 5-6-1 所示的任务评价表，完成任务评价。

表 5-6-1　任务评价表

班级		学号		姓名	
序号	评价内容			要求	评分
1	能正确简述启动控制电路的工作原理			准确描述（30分）	
2	能分析 RC 电路的功能			正确描述（30分）	
3	连线工艺标准			符合电工连线工艺标准（20分）	
4	能安全规范操作			安全规范通电测试电路（20分）	
教师评语				总分	

任务7　电梯制动电路排故

任务呈现

在实际生产运用或生活中，动力装置由三相异步电动机提供，但电机的定子绕组在脱离电源后，由于机械惯性的作用，转子需要一段时间才能完全停止。为了保证工作设备的可靠性和人身安全，为了实现快速、准确停车定位，缩短非生产时间，提高生产机械效率，对要求停转的电动机采取措施，强迫其迅速停车，这个过程就叫作"制动"。电动机的制动方式主要有机械制动和电气制动。电梯在实际运行中制动更是必不可少，如精准平层、超速停车。因此，制动是极其重要的。

任务要求：了解制动电路，描述工作过程，并完成制动电路的连接，检查无误后通电测试。

知识准备

一、机械制动

机械制动是采用机械装置使电动机断开电源后迅速停转的制动方法，如电磁抱闸、电磁离合器等电磁铁制动器。制动器如图 5-7-1 所示。

1. 电磁抱闸断电制动控制电路

电磁抱闸断电制动控制电路如图 5-7-2 所示。合上电源开关 QS 和开关 K，电动机接通电源，同时电磁抱闸线圈 YB 得电，衔铁吸合，克服弹簧的拉力使制动器的闸瓦与闸轮分开，电动机正常运转。断开开关电动机失电，同时电磁抱闸线圈 YB 失电，衔铁在弹簧拉力作用下与铁芯分开，并使制动器的闸瓦紧紧抱住闸轮，电动机被

图 5-7-1　制动器

制动而停转。

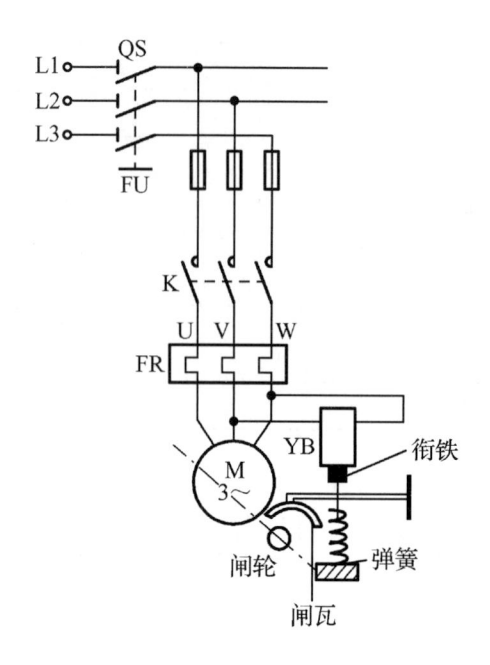

图 5-7-2　电磁抱闸断电制动控制电路

图 5-7-2 中的开关 K 可采用倒顺开关、主令控制器、交流接触器等控制电动机的正、反转，满足控制要求。倒顺开关接线示意图如图 5-7-3 所示。这种制动方法在起重机械上广泛应用，如行车、卷扬机、电动葫芦（大多采用电磁离合器制动）等。其优点是能准确定位，可防止电动机突然断电时重物自行坠落而造成事故。

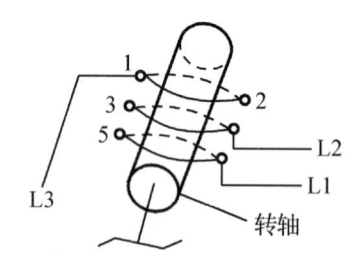

图 5-7-3　倒顺开关接线图

2. 电磁抱闸通电制动控制电路

电磁抱闸断电制动其闸瓦紧紧抱住闸轮，若想手动调整工作是很困难的。因此，对电动机制动后仍想调整工件的相对位置的机床设备就不能采用断电制动，而应采用通电制动控制。电磁抱闸通电制动控制电路如图 5-7-4 所示。当电动机得电运转时，电磁抱闸线圈无法得电，闸瓦与闸轮分开无制动作用；当电动机需停转按下停止按钮 SB2 时，复合按钮 SB2 的动断触点先断开，切断 KM1 线圈，KM1 主、辅触点恢复无电状态，结束正常运行，并为 KM2 线圈得电做好准备。经过一定的行程，SB2 的动合触点接通 KM2 线圈，其主触点闭合电磁抱闸的线圈得电，使闸瓦紧紧抱住闸轮制动；当电动机处于停转常态时，电磁抱闸线圈也无电，闸瓦与闸轮分开，这样操作人员可扳动主轴调整工件或对刀等。

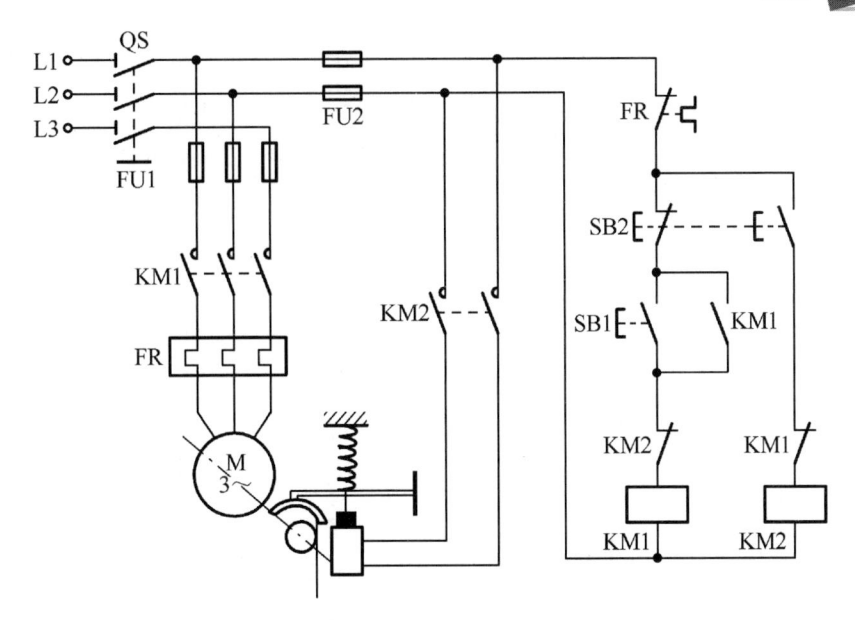

图 5-7-4　电磁抱闸通电制动控制电路

机械制动主要采用电磁抱闸、电磁离合器制动，两者都是利用电磁线圈通电后产生磁场，使静铁芯产生足够大的吸力吸合衔铁或动铁芯（电磁离合器的动铁芯被吸合，动、静摩擦片分开），克服弹簧的拉力而满足工作现场的要求。电磁抱闸是靠闸瓦的摩擦片制动闸轮。电磁离合器是利用动、静摩擦片之间足够大的摩擦力使电动机断电后立即制动。

二、电气制动

电气制动就是使电动机在切断电源的同时给电动机一个和实际转向相反的电磁力矩（制动力矩）使电动迅速停止的方法。常用的电气制动方式有以下几种。

1. 短接制动

制动时将电动机的绕组短接，利用绕组自身的电阻消耗能量。由于绕组的电阻较小，耗能很快，有一定的危险性，可能烧毁电动机。

2. 反接制动

反接制动是在电动机切断正常运转电源的同时改变电动机定子绕组的电源相序，使之有反转趋势而产生较大的制动力矩的方法。反接制动的实质是使电动机欲反转而制动，因此当电动机的转速接近零时，应立即切断反接制动电源，否则电动机会反转。实际控制中采用速度继电器来自动切除制动电源。

反接制动控制电路如图 5-7-5 所示。其主电路和正反转电路相同。由于反接制动时转子与旋转磁场的相对转速较高，约为启动时的 2 倍，所以定子、转子中的电流会很大，大约是额定值的 10 倍。因此，反接制动电路增加了限流电阻 R。KM1 为运转接触器，KM2 为反接制动接触器，KS 为速度继电器，其与电动机的轴连接。当电动机的转速上升到约为 100 r/min 的动作值时，KS 动合触点闭合，为制动做好准备。

反接制动分析：停车时按下停止按钮 SB2，复合按钮 SB2 的动断触点先断开，切断

KM1 线圈，KM1 主、辅触点恢复无电状态，结束正常运行并为反接制动做好准备，后接通 KM2 线圈（KS 动合触点在正常运转时已经闭合），其主触点闭合，电动机改变相序进入反接制动状态，辅助触点闭合自锁持续制动，当电动机的转速下降到设定的释放值时，KS 触点释放，切断 KM2 线圈，反接制动结束。

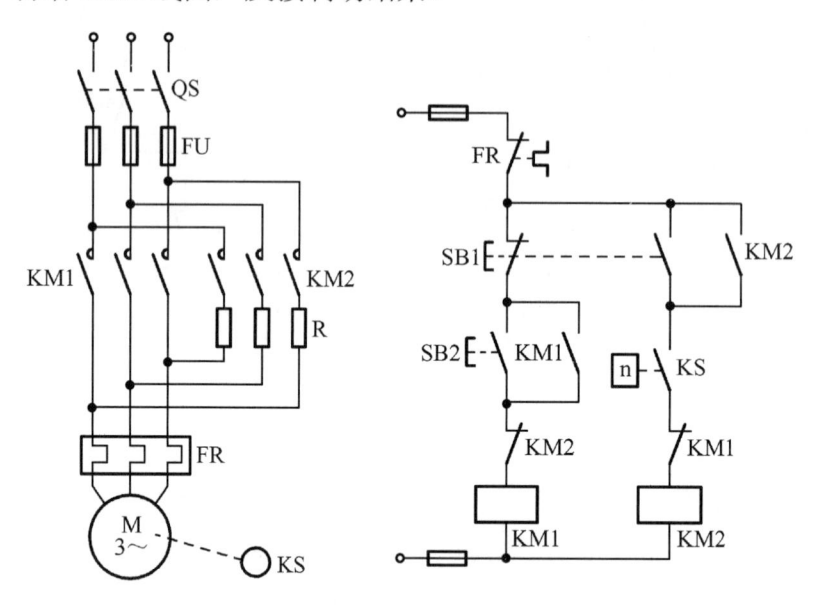

图 5-7-5 反接制动控制电路

一般地，速度继电器的释放值调整到 90 r/min 左右，如释放值调整得太大，反接制动不充分；调整得太小，又不能及时断开电源而造成短时间反转现象。

反接制动的制动力强，制动迅速，控制电路简单，设备投资少，但制动准确性差，制动过程中冲击力强烈，易损坏传动部件。因此，其适用于 10 kW 以下小容量的电动机制动。此外，也适用要求迅速、系统惯性大，不经常启动与制动的设备，如铣床、镗床、中型车床等主轴的制动控制。

反接制动有一个最大的缺点，就是当电动机转速为 0 时，如果不及时撤除反相后的电源，电动机会反转。

解决此问题的方法有以下两种。

（1）在电动机反相电源的控制回路中，加入一个时间继电器，当反相制动一段时间后，断开反相后的电源，从而避免电动机反转。但由于此种方法制动时间难于估算，因而制动效果并不精确。

（2）在电动机反相电源的控制回路中加入一个速度继电器，当传感器检测到电动机速度为 0 时，及时切掉电动机的反相电源。由于速度继电器实时监测电动机的转速，因而制动效果较上一种方法要好得多。

3. 能耗制动

制动时在电动机的绕组中串接电阻，电动机相当于发电动机，将拥有的能量转换成电能消耗在所串接电阻上。这种方法在各种电动机制动中广泛应用，变频控制也用到了。从高速到低速（零速），这时电气的频率变化很快，但电动机的转子带着负载（生产机械），有较大的机械惯性，不可能很快地停止，这样就产生反电势 $E > U$（端电压），电动机处于发电状态，其产生反向电压转矩与原电动状态转矩相反，而使电动机具有较强的制动力矩，迫使转子较快停下来，但由于通常变频器是交－直－交主电力，AC/DC 整流电路是不可逆的，因此无法回馈到电网上去，造成主电路电容器二端电压升高，称为泵升电压，当超过设定上限值电压时，制动回路导通，这就是制动单元的工作过程。制动电阻流过电源，从而将动能变热能消耗，电压随之下降，待到设定下限值时即断。这种制动方法是不可控的，制动力矩有波动，制动时间是可人为设定的。

制动电阻的选取要求如下。

（1）电阻值越小，制动力矩越大，流过制动单元的电流越大。

（2）不可以使制动单元的工作电流大于其允许最大电流，否则要损坏器件。

（3）制动时间可人为选择。

（4）小容量变频器（≤7.5 kW）一般是内接制动单元和制动电阻的。

（5）当在快速制动出现过电压时，说明电阻值过大来不及放电，应减少电阻值。

4．能量回馈制动

当采用有源逆变技术控制电动机时，将制动时再生电能逆变为与电网同频率、同相位的交流电回送电网，并将电能消耗在电网上，从而实现制动。能量回馈装置系统具有的优越性远胜过能耗制动和直流制动，所以近年来不少单位结合使用的设备的特点纷纷提出配备能量回馈装置的要求。国外也仅有 ABB、西门子、富士、安川、芬兰 Vacon 等少数公司能提供产品，国内几乎空白。

三、速度继电器

速度继电器曾称为"反接制动继电器"，是一种当转速达到规定值时动作的继电器，主要用作鼠笼式异步电动机的反接制动继电器。其工作原理与感应电动机转动的原理类似。其基本结构由笼型定子（实际上也可动）、永磁转子、触点机构三个部分构成。

速度继电器的转子是一块永久磁铁，与电动机或机械转轴连在一起，随轴转动。被控电动机转动时，带动速度继电器的永磁转子以相同的速度转动，转子转动所产生的旋转磁场与笼型定子绕组感应电流相互作用，使可动的定子以一定的滑差随转子转动，但只转过一个很小角度就因受到结构限位而停止。定子的转动通过杠杆使触点动作，即动断触点断开，动合触点闭合。

一般速度继电器的动作转速为 130 r/min，触点的复位转速在 100 r/min 以下，转速在 3000～3600 r/min 以下能可靠工作。

速度继电器不但可用于反接制动控制，也可用于能耗制动电路。

速度继电器在电气图中用 KV 或 KS 的文字符号表示，其图形符号如图 5-7-6 所示。

速度继电器的安装与使用特点如下。

（1）速度继电器转子与电动机转轴同轴连接，安装过程应使二者轴线重合。

（2）JY1 型的工作范围是 100～3000 r/min，转子速度至少达到 120 r/min，动断触点断开，动合触点闭合，当转子速度降到 100 r/min 以下，触点复位。（JY1 型采用"切换"触点）通过旋动触点机构的调节螺丝，可使其动作值有所改变。

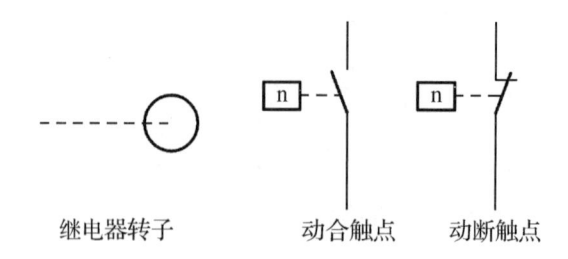

图 5-7-6 速度继电器的图形符号

（3）进行触点动作值调整操作时，应在断开电源后进行，以免造成短路事故。
（4）触点动作具有方向性，使用中应充分注意。

四、电梯制动控制电路

电梯制动控制电路如图 5-7-7 所示。其工作原理如下：电动机通电旋转的瞬间，电磁制动器的电磁线圈通上电流，制动器 ZCQ 两端加入 110 V 全压，电磁铁铁芯吸合，带动制动臂克服制动弹簧的作用力，使制动瓦块张开，两侧闸瓦同时离开制动轮，并且在每一次运行起始后和结束前，制动器的电磁线圈在持续通电情况下保持松开状态，电梯得以运行。当电梯轿厢到达所需预选层站时，电动机失电，制动电磁铁中的线圈同时失电，电磁铁芯中磁力迅速消失，铁芯在制动弹簧力的作用下通过制动臂复位，使制动瓦块将制动轮抱住，依靠摩擦力使电梯准确地制停。

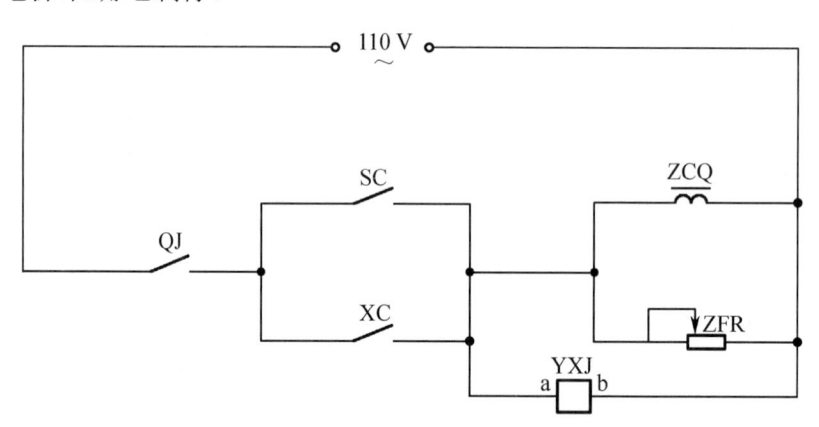

图 5-7-7 电梯制动控制电路

任务实施

1．教师带领学生参观电梯机房，看制动过程中制动器、继电器动作顺序。
2．学生尝试分析原理图，简述制动电路的工作过程。
3．学生在制动电路实训室中连接线路，检查无误后通电测试。
4．教师在确保人身和设备安全的情况下人为设置故障，要求应用电压法排除故障。

任务评价

通过以上学习，根据任务完成情况，填写如表 5-7-1 所示的任务评价表，完成任务评价。

表 5-7-1 任务评价表

班级		学号		姓名	
序号	评价内容			要求	评分
1	能正确简述制动电路原理			准确描述（20 分）	
2	连线工艺标准			符合电工连线工艺标准（30 分）	
3	能灵活、准确分析、判断出故障点			正确判断并找出故障点（40 分）	
4	安全文明规范操作			符合安全操作规程（10 分）	
教师评语				总分	

练习题

1．电动机"正—反—停"控制线路中，复合按钮已经起到互锁作用，为什么还要用接触器的动断触点进行联锁？

2．什么是自锁控制？为什么说接触器自锁控制线路具有欠压和失压保护？

3．三相交流电动机反接制动和能耗制动分别适用于什么情况？

4．设计主电路和控制电路。控制要求如下：按下启动按钮，电动机正转，5 s 后，电动机自行反转，再过 10 s，电动机停止，并具有短路、过载保护。

5．设计主电路和控制电路。动作顺序如下：①小车由原位开始前进，到达终点后自动停止；②在终点停留 20 s 后自动返回原位并停止。此外，要求在前进或后退途中，任意位置都能停止或启动，并具有短路、过载保护。

阅读材料

软启动

在民用和工业工程电动设备中，由于三相异步电机的启动特性，其直接连接供电系统（硬启动），将会产生高达电动机额定电流 5～7 倍的浪涌（冲击）电流，使供电系统和串联的开关设备过载。另外，直接启动也会产生较高的峰值转矩，这种冲击不但会对驱动电动机产生冲击，而且会使机械装置受损，还会影响接在同一电网上的其他电气设备正常工作。前面讲的定子绕组串电阻（或电抗）启动、星-三角降压启动等方法，可以避免直接启动对电动机带来的冲击和损害，但这些方法只可以逐步降低电压。随着电力电子技术的快速发展，软启动器得到广泛应用。软启动器如图 5-7-8 所示。

图 5-7-8　软启动器

  它不仅实现在整个启动过程中无冲击且平滑地启动电动机，而且可根据电动机负载的特性来调节启动过程中的参数，如限流值、启动时间等。此外，它还具有多种对电动机的保护功能，这就从根本上解决了传统的降压启动设备的诸多弊端。而软启动器通过平滑地升高端子电压，可以实现无冲击启动，可以更好地保护电源系统及电动机。软启动的限流特性可有效限制浪涌电流，避免不必要的冲击力矩及对配电网络的电流冲击，有效地减少线路刀闸和接触器的误触发动作；对频繁启停的电动机，可有效控制电动机的温升，大大延长电动机的寿命。目前应用较为广泛、工程中常见的软启动器是晶闸管软启动。

  软启动器现已广泛用于冶金、钢铁、油田、水电站等各个行业，主要用在空压机、泵、风机等辅机控制领域。采用传统控制结构存在诸多缺陷，对于大负载，其问题就显得更为突出，软启动器不但克服了传统控制结构的不足，而且使控制功能更加完善。选择软启动器启动电动机是未来必然的发展方向。

参 考 文 献

1. 金国砥. 维修电工与实训[M]. 北京：人民邮电出版社，2014.
2. 姜学勤. 电工技术基础[M]. 北京：化学工业出版社，2009.
3. 张巍山. 电工基础[M]. 北京：中国电力出版社，2010.
4. 田建芬. 电力拖动控制线路与技能训练[M]. 北京：科学出版社，2009.
5. 王秀丽. 电机与拖动基础[M]. 北京：化学工业出版社，2010.